農す神戸

NORTH KOBE

里山＋都市。
神戸市北区の
ちょうどいい暮らし

COMMUNITY TRAVEL GUIDE VOL.6

ハバネロ
3ヶ ¥150

タマゴ

山の色の移ろいに四季を感じ、
作り手の顔が見える野菜を食べ、
地域の行事や風習を大切にする。

都市での生活は充実しているけれど、
本当はもっと「農」を感じながら暮らしたい。
そんな人に、神戸市北区で暮らす、という選択を提案します。

この本は、「神戸で農す」ためのガイドです。
自然と四季の恵みとともに、豊かな時間を過ごせる里山。
多様な人・モノ・文化と出会い、刺激を得られる都市。
この両方を行き来し、自分にちょうどいい暮らしをつくっている
13組の暮らしを紹介します。

里山と大都市が隣接する、ここ、神戸市北区なら
あなたが望んでいた、でもあきらめていた暮らしを
実らせることができるかもしれません。

もくじ

神戸で、農村文化を楽しむ。

Information

Introduction

神戸市北区って？

京都府

人口153万人が暮らす大都市・神戸。「世界で最も住みやすい都市ランキング*」で第５位に選ばれるなど、世界的に暮らしやすさの評価が高い都市です。
その理由の一つであり、また大阪・京都・東京など他の都市との違いが、海と山の近さです。大都会・三宮から北の空をふと見上げると、四季折々の表情を見せる六甲山が目に飛び込んできます。六甲山を越えるように電車に揺られること、20分。ここが神戸だということを忘れてしまうほど、緑あふれる里山風景が広がります。
ここは、神戸市北区。多様な作物が育まれる農村地域と、子どもの声でにぎわうニュータウンが調和するまちです。ゆったりとした里山生活と、すぐそばにある刺激あふれる都市生活。この両方を行き来する、ちょっと新しい暮らしが始まっています。

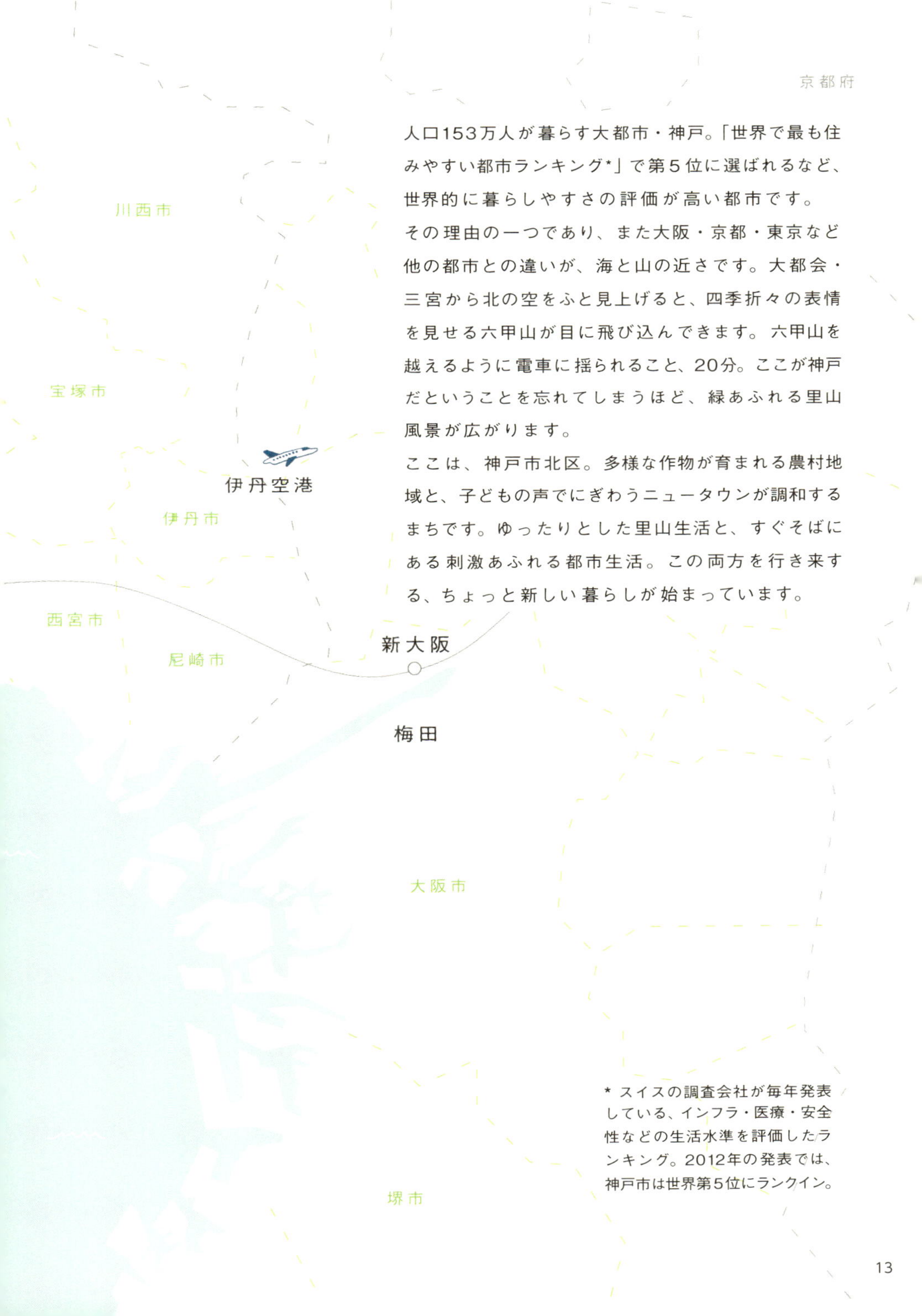

川西市
宝塚市
伊丹空港
伊丹市
西宮市
尼崎市
新大阪
梅田
大阪市
堺市

* スイスの調査会社が毎年発表している、インフラ・医療・安全性などの生活水準を評価したランキング。2012年の発表では、神戸市は世界第５位にランクイン。

Introduction

北区をつくる9つのまち

2本の川を中心に、のどかな田園風景が広がる地域。トウモロコシ狩りやイモ掘りなど観光農業が盛ん。田んぼで行う「どろんこバレーボール大会」などユニークな地域行事も。

大沢町（おおぞうちょう）

米を中心とした農業が盛んな地域。「神戸リリィ（ユリ）」や「神戸チューリップ」など、花の開発も行う。道の駅で食べられる淡河産の十割そばが人気。

淡河町（おうごちょう）

流鏑馬（やぶさめ）神事や茅葺き民家など、数多くの伝統行事・文化財が残る地域。全国に出荷される酒米「山田錦」のふるさと。新幹線の新神戸駅へは北神急行で一駅、約10分。

山田町（やまだちょう）

北区の中心的な地域。鈴蘭台を中心に住宅地が広がり、区役所や商業施設、「しあわせの村」などのレジャー施設が集まる。神戸の中心地・三宮などへ通勤する人が多い。

南部地域（なんぶちいき）

北区の最北部に位置する、小高い丘に囲まれた地域。獅子舞神楽が伝承されており、「熊野神社の獅子舞」は市の登録文化財。近年、新しい住宅や工業団地の開発が進んでいる。

古代の土器や遺構が発見される、歴史の深い地域。自然環境に恵まれ、ハイキングコースやキャンプ場がある。国の登録有形文化財である「千苅(せんがり)ダム」の放流は、圧巻の眺め。

北区北部、通称「北神地域」の中心的な地域。団地開発が進む一方、伝統ある仏閣や神社も各地に現存している。オリジナルブランド「二郎(にろう)イチゴ」が特産品。

太閤秀吉がこよなく愛したともいわれ、日本最古泉の1つとして有名な有馬温泉のある地域。四季を通して、温泉と情緒あふれる町並みを楽しむ、多くの観光客で賑わう。

三方を山に囲まれ、山間に平野が広がる地域。酪農や養鶏、野菜や果物の栽培など、多岐にわたる農業を展開。和太鼓グループ「八多太鼓」が、市や区のイベントで活躍している。

おいしくて安心な野菜を育て、
アレルギーに悩む人の元へ届ける。

都市部のレストランの料理に合わせ、
新しくめずらしい野菜を育てる。

晴れた日は畑で野菜の世話をし、
雨の日は家で音楽をつくる。

神戸で、農業をいとなむ。

農家 / 森本 聖子さん / 36歳 / 淡河町

都市部に近いから実現できた 私らしい農業の形

30代前半までOLとして働いていたが、自分で決めてできる仕事の充実感を農業に見出し農家に転身。農村部と都市部が近い神戸の特徴を活かし、自分のつくった野菜を街のレストランやホテルなどに直接卸している。

ベランダ園芸が高じて農家に

森本さんは、かつては旅行代理店に勤める会社員だった。けれど農家に転身してもう３年目になる。この仕事を気に入っているのは、すべてを自分の判断で決めて行えるのと、姿かたちのあるものを売ってお金をもらっているという手応えがあるからだ。種から育てて収穫し、自分で値をつけ、それが人の手に売れていくという充実感。つくった野菜たちをドキドキしながら初出荷し、それらが直売所で完売した時の嬉しかった体験は今も忘れられないという。

「もともと農業に強い関心があったわけではないんです。結婚してから住んでいた兵庫区のマンションのベランダでパセリなどの野菜を育て始めたことがきっかけでした。そこからちょっとずつのめりこんで貸し農園を次に借りました」。しかし程なく、貸し農園でなく自分で農地を借りることはできないのかな？と疑問が。ネットで調べると、農地を借りるには資格が要り、そのためには専門の学校で学ぶか農家に弟子入りする必要があると知った。

一人でこっそりと「楽農学校」の就農コース（兵庫県楽農生活センターが主宰する、農業を本格的に学びたい人のためのコース）の見学に行った。週７日、朝から晩まで、365日。本気で農家になる人のためのコース。「その時点でもまだ農家になるという自覚があったわけではなくて。けれども、そこで学べる内容が本格的であることにワクワクして」、気がつけば会

社を辞めて通う決意を固めていた。
そして2年の研修期間を経て、現在は知り合いのつてで借りた北区の農地で作物を育て、出荷・販売をする忙しい日々を送っている。

都心のホテルやレストランに直接野菜を卸す

「自分でつくった野菜をレストランに直接卸したい」。農家になることを志すようになった当初からそうした願望を持っていたという森本さん。
楽農学校に通っていた当初、先生や同期生から「そんなの売れへん」と言われながらも変わった野菜ばかりつくっていた。今も雑誌のフレンチ特集などを見ていて、使われている野菜で気になったものがあればすぐに育ててみる。「過去にレストランで働いたことがあって。そうしたお店では、特徴のある珍しい野菜は少量であってもきっと需要はあると思ったんです」。
大きな作付面積で同じ作物をたくさん作る農家は、大量出荷が可能なため安定して供給することができる。それと同じやり方は自分のような小規模農家はできないし、お客さん一人ひとりにとって価値のある野菜を、大切に育てて届けたい。そうした気持ちもあって少量多品種、また珍しい野菜に特化するという独自路線を歩むようになった森本さん。レストランをはじめとする飲食店は、素材から差別化を図ったり、実験的な試みをする意欲にことかかない。そして何より北区の農村は都市と近いのだ。だからこそ、潜在的需要は高い

1. 神戸・元町にある食のセレクトショップ。ここでも森本さんの野菜が販売されている。 2. 神戸市内のレストランに直接野菜を販売。 3. ホテルのシェフと。森本さんの作る珍しい野菜に料理人も腕が鳴る。 4. 配達のため北区の畑から神戸の中心地に。来るのにかかる時間は30分くらい。 5. 真ん中のかご、白い野菜は「たまごナス」。普段見たことのない変わった野菜が多く、お客さんたちも思わず尋ねてしまう。「それ、何ですか？」

1

2

3

4

5

はずと考えた。街中で行われるマルシェへの参加を通じてレストランのシェフなどと徐々に知り合うことができるようになり、今ではホテルや飲食店に定期的に直接野菜を卸している。

神戸だからこそできる農家のかたち

ご主人は会社員としてポートアイランドにある職場まで毎日車で通勤している。休日には聖子さんの収穫や販売を手伝っている。「車なら45分程度で行けるので普通に通勤圏という感覚です。街中に住んで電車通勤をしていても、乗り換えをしているとそれくらいかかりますしね。北区はクーラーいらずで過ごしやすいし、作物はあるから食べるのに困ることはありません(笑)。今の生活の満足度は高いですよ」。

聖子さん自身は、北区を選んだことを今、どう考えているのだろうか。「私のような農家のかたちというのは、おそらく神戸の中心に近い場所でないと成立しないと思うのでちょうど良い距離感です。最近ではファーマーズマーケットなども始まって、より都市部の食の事業者さんや消費者の方々との日常的なお付き合いが増えていますが、そうした中でコミュニケーションをしながら農作物を売るのが仕事の楽しさにもつながっています(p.40)。それに、毎日自然のなかで汗水流して働きつつ、やっぱり時々は街に買い物に行きたいです(笑)」。

森本さんのこれまで

神戸市中央区に生まれる
↓
旅行会社に勤める
↓
夫婦で住んでいた
マンションのベランダで
家庭菜園を始める
↓
市民農園を借りる
↓
楽農生活センター・就農コース
に通い、会社を辞める
↓
北区に農地を借り、
通い農業を行う
↓
農地から数分のところに
空き家を借り、
北区淡河町に住み始める

神戸市北区では、さまざまな種類の作物が農家さんたちの手によって大切に作られています。美味しくて新鮮な野菜や果物を日常的に購入できることは、北区で暮らす大きな魅力の一つです。（写真提供：EAT LOCAL KOBE*）
* 神戸市の地産地消推進プログラム「EAT LOCAL KOBE」のWEBサイトでも、旬の野菜とその作り手を紹介しています。http://eatlocalkobe.org/

フロマージュ・フレ

クリーミーでさわやかな酸味の生チーズ。旬：1-12月

弓削牧場 (p.50)　山田町

大沢いちご

柔らかくて果実が大きく、酸味が少なくジューシー。旬：12-5月

すまいるふぁーむ藤本 (p.36)　大沢町

トウモロコシ

さっぱりとした甘味。生でも、勿論ボイルしてもおいしい。旬：7-8月

中川 優　大沢町

食用ほおずき

マンゴ味のスカットパールと、ミルク味のスイートパール。旬：8-11月

オーガニックファーム＆ガーデンヒフミ　八多町

農家／芝 卓哉さん／32歳／八多町

自分と同じようにアトピーで悩む人に安心で安全な野菜を届けたい

会社員を辞め、有機農家となった芝さん。子どもの頃からアトピー性皮膚炎を患っている経験から「安心で安全な食卓のためには無農薬で育てた野菜が必要」と考えるように。独学で実践と改善を繰り返しながら、コツコツと挑み続けている。

アトピーで苦しんだ経験が就農に

大学を卒業して大手飲料メーカーに勤めた芝さん。配属が神戸市西区だったため、北区にある自宅から通っていたが、将来的には東京本社での勤務になると言われ転職を考えた。田舎育ちの自分は、都会での暮らしはとても無理だと思ったからだ。子どもの頃からアトピーを患い、食事に加え、ストレスが症状を大きく左右することは自覚していた。だからこそ、大好きな自然に関連のある仕事をしようと心に決めた。「無農薬で有機野菜を作る農家を生業にしたらどうだろうか。そういった野菜はアトピーにも効果的だし、たくさんの人に喜んでもらえるに違いない」と考えた。大人になって外食をするようになり、実家の食卓にいつも並んでいた、祖父が育てた野菜がいかに新鮮でおいしかったかに気づかされたことも大きかった。

国が定める農地法では、農地を借りるためには農業技術があることが必要条件。1年間、三田市のベテラン農家で働き、農地委員会へ許可申請をして面談を受け、自宅のそばに農地を借りた。軽トラックは知り合いから譲りうけ、トラクターや畑を耕す管理機、草刈り機、小さな作業場を作る資材などで50万円ほどかかった。本やネットで情報を集め、化学肥料を使わず無農薬で始めた畑は、最初の1年は散々たる結果に。「でもね。少ないながらもトマトやピーマンなどが実ったんです。味も悪くなかった。じゃあ、作り方を改善すればいいと思ったんです」。

消費者の声を聞き、有機農業の未来を確信

最初の2年は孤立無援で、誰にも相談できない寂しさを感じることもあったという。作物は育てれば育てるほどクセがわかってきて、堆肥を工夫していくうちに、アクのないおいしい野菜が収穫できるようになった。「手をかけただけ、野菜の味わいに反映されるからおもしろい」と芝さん。就農して3年目で同じ時期に新規就農した農家と知り合い、仲間ができた。お互いを励まし合う、心強い同志たちだ。

現在、芝さんが育てている野菜は50品目。昨年、始めた無農薬のいちごも大好評。有野中町の農協市場館での販売が主で、年々収入は上がっている。2015年6月に神戸市が試験的に行ったファーマーズマーケットに初めて参加し、多くの人が有機野菜を求めていることに気づかされた(P.40)。なかには同じようにアトピーで悩んでいる人もいた。「こんな野菜を作って欲しいとか、配達をして欲しいという希望がたくさんあって、消費者の声を聞く場は必要だと思いました」。有機農家の未来に可能性を感じるという芝さん。近い将来、畑のそばに小さな直売所を作って、北区の住民に安い価格で無農薬の野菜を食べてもらえる機会を増やしていきたいと話す。あとは、「お嫁さんが来てくれればうれしいなぁ」と、照れながら笑った。

芝さんのこれまで

北区有野町出身
↓
大学・サラリーマン時代も
自宅から通う
↓
脱サラ後、自然について
学ぶ専門学校に通うため
新潟に2年暮らす
↓
現在はアパートで一人暮らし
北区居住歴30年

1. 普段、愛用している軽トラックと農具いろいろ。2. たわわに実るパプリカ。かじるとさわやかな苦みと甘さが口に広がる。3. 育てた野菜について楽しそうに語る芝さん。「野菜の形って美しいですよね」。

農家の芝さんから、有機の野菜がどうつくられているのかを畑で直接教えてもらった。

北区体験レポート 1

都会の人が農家を訪ねる FARM VISIT

農家のもとを消費者が訪れ、作物がどんな風につくられているのかを直に見て学ばせてもらうFARM VISIT。神戸市内の企業に勤める男女が、北区の有機農家・芝 卓哉さん(p.26)の畑を訪ねました。

「苦くない!」「むしろ甘い!」「おいしい!」。芝さんから畑になっている春菊の葉をちぎって食べさせてもらったとき、参加者たちは新鮮な驚きを口にした。「春菊と言えば生で食べるイメージがなかったけど、むしろこれならサラダで食べたい」。そんな声が上がった。

「化成肥料を使って作るとどうしても野菜というのはえぐ味が出てしまう。ウエッとなってしまうのは、体に良くないものを吐き出させようという生き物の本能。でも農薬を使わないでつくったら春菊はこういう味なんです」と芝さん。

採れたてのミニトマトを試食させてもらう。

農園を訪れたのは11月。畑では葉物野菜が旬を迎えていた。また、イチゴはちょうど白い花を咲かせたところだった。
「イチゴは、そんなに肥料を必要とはしませんが、その代わり水はたくさん吸います。葉の先っぽを見るとほら、水滴の粒がちょんちょんと付いているでしょ。これはその苗が健康で、元気に水を吸えている印」。
今回、参加してくれたのは若い人たちばかりだが、みんな非常に楽しみだったという。「食べ物がどういう風にできているのか、本当に自分の食べているものが安全なのか知りたくなり、野菜の買い方から気にしていたところでした」。「自分でも貸し農園で野菜を育てているのですが、もっときちんと学んでみたくて参加しました」。
野菜の健康状態の見方、育て方などたくさん教えてもらった参加者たち。「百聞は一見にしかず。やっぱり直に体験すると全然違いますね」。「毎日都会のビルでパソコン仕事をしてどこかアンバランスだと思っていたので、すごく感じるものがありました。自分でも野菜を育てることを始めてみたい」。
手土産は芝さんが育てた巨大なしいたけ。「うわ〜ふわふわ。家に帰って調理して食べるのが楽しみです！」。
芝さんも、こうした農家訪問の機会が増えることに好意的で、「もっと日常的に都会の人が農家を訪れてくれると嬉しい」と話した。

（2015年11月15日に取材）

生産者と接する貴重な機会。
「いろいろ質問させてください！」

花を咲かせた状態のイチゴ。
「葉っぱの先に水滴がついているのは健康な印なんです」

芝さんが育てたシイタケと記念撮影。「顔と大きさが一緒〜！」

農家 / 東馬場農園 / 東馬場 怜司さん /32歳 / 道場町

就職できる場所があれば 農家になりたい人も増えると思うんです

田園風景の中に凛と立つ、背の高いビニールハウス。東馬場さんの農園では、栽培システムを駆使してトマトが作られている。「コツコツと積み重ねたデータと経験が一番の道具。産業としての農業を発展させたい」と、独自の方法で農業の変革を目指す。

農業ビジネスには、伸びゆく可能性がある

東馬場さんは、専業農家だったご両親の苦労を目の当たりにしていたから、農家を継ぐことはまったく考えていなかった。しかし、大人になるにつれその考えに変化が。「農機具メーカーで、農業システムの研究に携わっていて、様々な農家さんと会ううちに『農業なら、ビジネスとして成功する』という確信を得たんです」。東馬場さんが営むハウス栽培のトマト農園では、革新的な栽培システムを使用した畑の管理が行われている。プロファインダーという測定器がハウス内の状態を感知し、温度、湿度、二酸化炭素、照度をコントロール。その情報がパソコンに送られ、データが蓄積されていく。そのおかげで、10月下旬から7月まで安定した栽培ができるという。そして、2012年に始めたトマト農園には現在、社員1名とパート17名が在籍。パート勤務のほとんどは、近隣で暮らす主婦たちだ。また、出荷先のほとんどを占めているのは地元のスーパー。聞けば、飛び込み営業でその販路を開拓したという。「突然店員の方に声をかけて、バイヤーさんに取り次いでもらうんです(笑)」。

農業スタイルは、いろいろあっていい

「僕が目指しているのは、企業化。これまで独立するしかほとんど選択肢がなかったけれど、就職できる場所があれば農家になりたい人も増えるのではないか

と」。もちろん、専業農家として生計を立てていくことは、そう甘くはない。時間がかかるし、地域の人たちと意志の疎通をはかれるかどうかも大切だ。しかし、ここ東馬場農園では、新たな人材が生まれている。メーカーに勤めながら毎週末東馬場さんの元へ研修に通い、農業を一から勉強して東馬場農園に転職した社員も。現在では、東馬場さんが仲間と出資して新しくできた農場へマネージャーとして転籍するほどに成長した。

「僕らの地元には、農業を継ぐ次の世代がほとんどいません。これまで大切にされてきた田んぼ、露地(ろじ)栽培を自分たちの手で守っていかないと」。東馬場さんは、農を継承していくための方法を模索し続けているが、まだ答えは出ていないという。「必ず、解決策はあるはずなんです」。だからこそ、様々なスタイルの農業があっていいと考えている。

1

東馬場さんのこれまで

道場町出身
↓
中学から高校時代は
県外で寮暮らし
↓
実家に戻り、大阪の大学へ
進学後メーカーに勤務
↓
2012年
東馬場農園の事業を開始
↓
現在は農園のすぐ近くにある
ご実家にて奥様と二人の
子ども、ご両親と暮らす

1. 東馬場農園で採れた「うれしおトマト」。地元の人たちにも人気。2. 知恵を絞って効率的に、人の手で出荷作業が行われる。3. 「樽栽培」形式の第一温室。白く小さな箱はセンサー。4. 苗が高い位置にあるから、腰を曲げずに作業が可能。

農家 / すまいるふぁーむ藤本 / 藤本 耕司さん / 42歳 / 大沢町

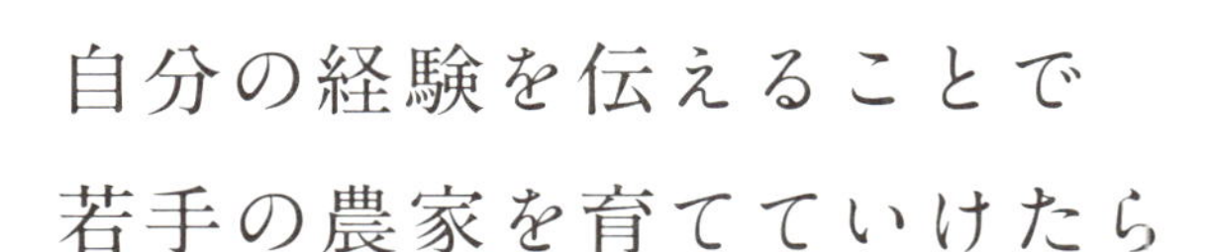

自分の経験を伝えることで 若手の農家を育てていけたら

代々受け継がれてきた農地を守り、若手の育成にも力を入れている藤本耕司さん。イチゴ栽培が中心だが、貸し農園や農産物直売所も経営している。若手農家の相談に乗ったり、新規就農を目指す研修生の受け入れも行う、地域のリーダー的存在だ。

会社員を経て、専業農家へ

稼業である農家を継いだのは、28歳の時だった。京都の大学を卒業後は一般企業に就職し、6年間営業の仕事をしていた。ご実家の父・喜郎（よしろう）さんは20年もの間カーネーション栽培を行っていた。しかし、その経営が右肩下がりとなり、立て直しのため花壇苗の栽培へと転換。さらにブドウの栽培をスタートし、直売所を開設。順調に売り上げを伸ばしていった。やがて人手が足りなくなり、父の喜郎さんから「帰ってこないか」と相談された。実家が大変な状況ならば、長男として継ぐのが当たり前だと考え、サラリーマンから専業農家へ転身。ちなみに、結婚をしたのも同じ年だった。「初めは、右も左もわからなくて。父の背中を必死で追いかけていました」。実際に、農家になって1年目は、なんとか食べられる品質の農作物しか作れなかったという。そして2011年、喜郎さんから耕司さんの代へ正式に経営移譲。耕司さんは、就農直後から始めたイチゴの栽培規模を拡大。現在では、総売上げの6割を占めるという。「父が基盤を作ってくれた貸し農園は常に40組ほどの方が登録していて満員。ファーマーズマーケットでは、もぎたての新鮮な果樹が好評でよく売れるんですよ」。稼業を継いだとはいえ、初めから農家だったわけではないからこそ知る、農業を職として生活し家族を養っていくことの大変さ。若手の農家を育てていきたいと願う耕司さんは、自分が経験した失敗談を後輩に伝え学ばせている。

藤本耕司さん(中央)と県外から移住してきたというスタッフ。

若い後継者を、地域で育てていきたい

新しく農業を始めたい。けれど、農地を借り、近隣に住居を探すのはそう簡単なことではない。それらの問題を解決するために、各市町村で実施している「青年就農給付金」という制度がある。一定の要件を満たす就農を希望する45歳未満の人が、1年間研修を受ければ農地を借りられるというシステムだ。すまいるふぁーむ藤本は、県が指定する就農希望者の研修先の受け入れ先になっている。これまで8年で、4名の農家を輩出してきた。そういった制度も手伝って、以前よりも就農しやすくなったと耕司さんは語る。しかし、農作物の生産が軌道にのるまで最低でも5年はかかる。「農業は経営ですから。年収がどのくらい必要で、そのためには何を作ればよいのかは、最低限研究しておく必要はあると思います」。また、大沢町でも高齢化が進み同世代の農家はいない。だから、若手の耕司さんは地域行事に引っ張りだこだ。「地域というものは、住民同士が協力しないと成り立ちません。お互いに協力し合う気持ちが大切ですよね」と言う。だから、自ら積極的に地域に関わり、人付き合いをとても大切にしている。そんな耕司さんの背中をみて学ぶ、1人の研修生がいる。広島県から移住してきたという若者だ。農家として生きていく覚悟や地域の人たちとの関わりも学んでいる。「研修生はもちろん、息子にも、農業でちゃんと生活していけることを証明できればいいなと思っています」。

藤本耕司さんのこれまで

大沢町出身
↓
京都の大学を卒業後
メーカーへ就職
↓
6年間サラリーマンを経験後
2001年に大沢町へ戻る
↓
現在は、ご実家にて奥様と
2人の子ども、ご両親と暮らす

1. 畑に隣接する直売所「大沢ファーマーズマーケット」。藤本農園の果物はもちろん、近隣の農家さんの野菜も購入できる。2. 喜郎さんが作るブドウ。他にはイチゴやイチジクも。3. お父さんの喜朗さんと、イチゴのビニールハウスにて。4. 貸し農園利用歴20年のベテランご夫妻。耕司さんが教えてもらうことも多い。

農コラム

新規就農ガイド

北区で新規就農を目指す人が知っておきたい情報について、神戸市経済観光局農政部の山田隆大さんと吉森有梨さんにお話を聞きました。北区で農業を営む利点、農家になるまでのプロセス、就農にまつわるQ&Aの、3本立てでお届けします！

p.40-45 監修＝神戸市経済観光局農政部 / 写真提供＝p.41中央 本田亙さん、p.40-41 他 EAT LOCAL KOBE

神戸市職員が語る！

北区で農家になる3大メリット

神戸市三宮で2015年に行われたファーマーズマーケット

❶ 小さく始めやすい

神戸市は大まかに言えば1/3が都市、1/3が農村、1/3が山地で構成されています。北区は農村部にあたりますが、車で30分程度で都市部まで行くこともできます。農村部に住んでも医療機関や生活利便施設が遠く不便ということはありません。また「通い農業がしやすい」環境であるともいえます。地縁のない人の場合、いきなり畑と家をセットで見つけるのは容易なことではありません。事実、神戸で就農したばかりの人の中には都市部に住宅を持ちつつ、そこから通って農業をする方も少なくありません。また、北区の中にも藤原台などのニュータウンがあるので、そこに家を持てば、都市部から通うよりもさらに畑まで近くなります。今の家から通う→北区のニュータウンに住んで通う→畑の近くに家を見つけて引っ越す、というように徐々に環境をステップアップさせていくのも良いかもしれません。

❷ どんな作物でもつくりやすい

神戸は瀬戸内海に面しているため、雨が適度に降り、気温は基本的に温暖。栽培しにくいものはほとんどありません。また、なかでも北区は山地が多く、昼と夜の寒暖差が激しいため、糖度が高く旨みの詰まったおいしい作物が実ります。これから農業を始める人にとっては、まずいろいろな作物にチャレンジして、それから自分に合うものを見つけていくことができる環境といえます。

❸ 生産者と消費者が交流しやすい

神戸市では、地産地消を進めるため、2015年の春から三宮駅前の公園「東遊園地」にて、ファーマーズマーケットを開催しています。北区や西区など市内の農家さんが多数出店。子ども連れの家族や外国人の方など、都市部に暮らす多くの方が訪れ、農家の方との会話を楽しみながら新鮮な野菜が買えると好評です。今後はさらに、レストランのシェフや加工業者の方を巻き込み、生活者と消費者をつなぐ新たな機会を増やしていきたい考えです。

何から始めればいいの？

北区就農フロー

1 情報を集める

まずはひょうご就農支援センターの就農相談窓口やインターネットなどで就農に関する情報を集める。

2 研修を受ける

農業の知識と技術を学ぶ。学校（兵庫楽農生活センター、兵庫県立農業大学校など）に入学するか、農家に弟子入りするかの大きく2つのパターンがある。

3 就農計画を立てる

どこでどんな作物を作るのか、資金はどうするのか、どれくらいの農業所得を目標とするのか、など就農に至るまでの具体的な計画を立てる。

農業法人に就職する場合は、、、

自分で起業する以外にも、会社として農業を経営する農業法人に就職する方法もある。その場合は、まずひょうご就農支援センターや地域就農支援センターで、農業法人の求人情報を集める。就農希望者向けセミナーや相談会なども重要な情報源。法人によってフローは異なるが、農場訪問や仕事体験、面接を経て採用が決まり、従業員としての生活が始まる。

農家生活が
本格的に
スタート！

4 農地を借りる

市のホームページや知り合いのつながりで農地を見つけ、農業委員会の許可を受け使用契約を交わす。

5 農機を買う

自己資金もしくは日本政策金融公庫などからお金を借りて購入する。使用頻度の低いものは、知人の農家同士で貸し借りすることも。

6 住宅を見つける

まずはニュータウンなど物件が見つかりやすいところから通い農業をして、地縁ができたら紹介してもらい畑により近い家を借りる人が多い。（北区での物件探しp.122）

就農に関わる窓口一覧

- 神戸市経済観光局農政部計画課（神戸市役所１号館８階／078-322-5351）
  農漁業の振興を総合的に取り組む市の組織
- 神戸市農業委員会（神戸市役所１号館７階／078-322-6555）
  農地にまつわる手続きを行う市の組織
- ひょうご就農支援センター（神戸市中央区下山手通４－15－３／078-391-1222）
  研修先紹介から経営相談まで段階的に就農支援を行う県の組織
- 地域就農支援センター神戸地域（神戸市西区神出町小束野30－19／078-965-2102）
  「ひょうご就農支援センター」の神戸支部
- 兵庫楽農生活センター（神戸市西区神出町小束野30－17／078-965-2651）
  交流事業と学校事業に取り組む農業体験の拠点
- 兵庫県立農業大学校（兵庫県加西市常吉町1256－４／0790-47-1551）
  農業経営者を養成する２年制の専修学校

もっと詳しく！
農家になるためのQ&A

Q どんな人が農家に向いているのですか？

A 土が好き、自然が好きという人がもちろん向いていると思いますが、それだけでは駄目です。コツコツまじめに育てる勤勉さも欠かせませんし、すべて自分でゼロから組み立て計画していく職業なので、そうした意味での管理能力や経営センスを持ちあわせていないと、継続するのは厳しいでしょう。また、農業を選ぶ理由として、他人とのコミュニケーションが得意ではないからということを挙げる方もいますが、農村には農村の人間関係があるので、地域の人々と上手に付き合う能力も大切です。

Q 学校で学ぶのでなく、農家さんに弟子入りしたい！どうやって探せば良いですか？

A 個人的なつながりをたどって、受け入れてくれる農家さんを探すのが一般的です。神戸市では受け入れても良いという農家を登録して紹介する「新規就農里親制度」を行っています。神戸市経済観光局 農政部計画課計画係宛 (p.43)にご連絡ください。

Q 農地はどうやって取得すれば良いですか？

A 研修中に知り合った農家さんに紹介してもらうケースが多いようです。また、神戸市ホームページ「農地情報」のコーナーでは引き継ぐことを検討中の農地を紹介しています。農地の権利移動（所有権移転、賃借権及び使用貸借による権利設定など）には、農業委員会の許可が必要で、1年以上の研修実績と10R（1,000㎡）以上の農地を借りることが最低条件となります。農業委員会に事前に相談しましょう。

※ 2015年度の情報です。また、神戸市の場合を前提として書かれており、他の自治体にあてはまるものではないことを予めご了承ください。

Q 就農にあたって金銭的なサポートはありますか？

A 農業だけで生計が成り立つようになるまで最大5年にわたって年間最大150万円の給付が受けられる「青年就農給付金」という制度があります。また、施設や機械の購入などに必要な資金を無利子で貸付してもらえる「青年等就農資金」という融資制度もあります。こうした補助を受けるには「認定新規就農者」に認定される必要があります。

Q 認定新規就農者になるには？

A 農業を開始するにあたって作成する就農計画を市に提出し、審査の結果適切と認められると「認定新規就農者」になることができます。45歳未満で就農5年以内の人なら、誰でも申請することができます。

Q 農や食に関して神戸市では独自の取り組みがありますか?

A 神戸市では2020年を目標に、新しい食文化の都を目指し「食都（しょくと）神戸2020」構想を進めているところです。地域に根ざした農の有り様と、中心街の魅力的な飲食店と、その両方が今より充実し、「食全般に関して学び、起業するなら神戸へ」と世界中から思われるまちになりたいと考えています。

農家・音楽家 / お花畑 heads
暁さん 42歳・春マリアさん 33歳 / 大沢町

いつも、土がそばにある
生きてるってことを実感できる

北区の北部、大沢町へ移り住み、作物にも人にも土にもやさしい自然農に取り組む、ボーカル＆ギターのアコースティックユニット。豊かな自然や農作業から得たインスピレーションを歌に変え、出会う人々の心に幸せの花が咲く種を今日も蒔いている。

土にも人にも、作物にもやさしい方法で

自然農を基本にした独自のスタイルで農業に取り組みながら、お花畑headsというユニット名で音楽活動を展開している、ナポリターン暁（あきら）さんとフランソワ・ユキ・春マリアさんご夫妻。
自然農とは、農薬や肥料を一切与えず、自然の営みの中で作物を育てること。「耕さない」「除草しない」「肥料を与えない」「薬を使用しない」が特徴だとされる一方で、実践者の解釈で手法が少しずつ異なる。暁さんは草刈り以外は機械を使わず、毎日のように畑に出て、作物の状態を見極めながら慎重に草を刈ることも。「土に触れて、太陽、風、土、水の恵みや作物のおいしさに感謝しながら野菜を育てていきたい。私たちは私たちのやり方で、ひっそりと農業を続けていけたらいいなって。ささやき村農園は、そんなイメージから生まれました」と春マリアさんはふわりと笑う。

運命を変えた、大沢町との出会い

暁さんは、中学時代から畑や作物に関わる仕事を志願。大学の農学部を卒業後、和歌山のある有機農業生産法人で４年間、住み込みで働いた。30代前半で結婚、八百屋に勤めたものの、始発で出勤して終電で帰る激務が２年続いた。「２人でできることがしたい」と考え、音楽活動に力を入れることに決め、その後の３年間は、音楽と生きていくためのアルバイトに明け暮れた。

やがて、音楽では食べていけない現実を痛感し、「音楽をやめても誇りを持って生きていける仕事をしよう」と思うようになったある日、大沢町に限界集落があるという記事に遭遇。暁さんは「神戸に限界集落？」と驚き、興味を持った。実家である大阪から近く、春マリアさんの実家が北区だったことから大沢町への関心が高まる中、町が運営する農業塾の存在を知った。「農業塾に1年通ううち、つながりができました。大沢町に住みたいと言ったら、こんなとこやけど住んでみるかと言ってくださった方もいて…」小屋のような家だったものの、思いきって移り住むことにした。

自然農で生計を立てる厳しさと向き合う

この取材が行われる直前、夫妻は転機を迎えていた。自然に育ち、作物が一番おいしい時に収穫する野菜は安定供給が難しく、赤字続き。貯金を切り崩しつつ、もう無理だという局面に来ていた。結局、暁さんは玄米の加工品会社で、春マリアさんはスポーツセンターでバイトをしながら自然農を続けることに。こうして悩み抜いた末に抱いた覚悟は、今まで以上に強固になった。「神戸には、まちがある。夢に挑戦したい人にとって、生きる糧が得られる仕事に就けるどうかは重要。まちには働き口があるから、なんとか生きていけますよね」と語る暁さん。「私たちは下調べもせずに飛びこんだのですが、結果的によかったなって。打ちのめされても前に進む勇気さえあれば、大丈夫だと思います」と、春マリアさんも言葉を続ける。

生に感謝し、その喜びを歌にして届けたい…曲も詞も作業の合間に浮かぶことが多く、生きることと創作が直結している、お花畑 heads さん。自分たちの身の丈に合った人生を選ぶ先には、きっと花が咲いている。

お花畑headsさん のこれまで

暁さんは大阪府茨木市
春マリアさんは北区出身
↓
結婚し、大阪で暮らす
↓
大沢町の農業塾へ通う
↓
大沢町へ移住
↓
独自の自然農法に挑む
暁さんと春マリアさんの
２人暮らし
北区歴５年

1. 種を蒔くための、土ならし。栽培した野菜から種を採る「自家採種」も実践。2. 作業場の軒下につるされた唐辛子など。3. コスモスの庭に建つ、小さな家。自分たちで茅葺き屋根やトイレを作った。4. 約３ヵ月に１回、ライブハウスやカフェでライブ。夏には、近隣のイベントでも演奏している。

酪農家 / 弓削牧場 / 弓削 忠生さん / 70歳 / 山田町

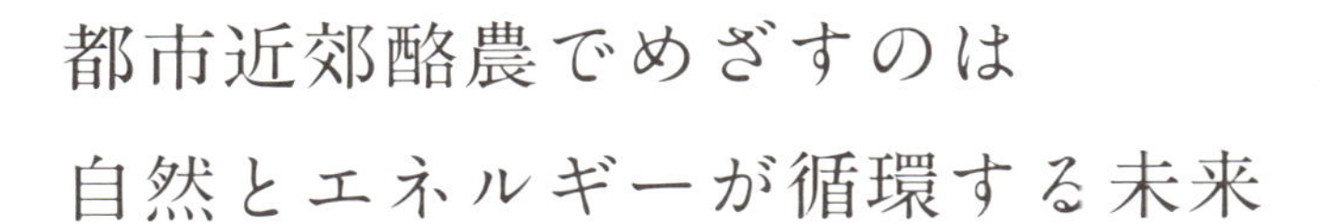

都市近郊酪農でめざすのは
自然とエネルギーが循環する未来

1980年代、ナチュラルチーズが普及する前の時代に個人の駱農家として西日本で初めてチーズづくりに着手。山での放牧を実践し、生乳の供給や乳製品の加工・販売、レストランの運営、野菜やハーブの栽培、有機堆肥づくりなど多彩なチャレンジを続けている。

牛たちが、自由に活動できる環境を

約9ヘクタール、50頭の牛を飼育している弓削（ゆげ）牧場は本格的な酪農場だ。牛たちは限りなくストレスフリーで、24時間、自由にのんびりと過ごし、敷地内の森を駆けまわり、食事時にはえさ場に集う。「牛が自分の意思で行動できるように」と、2006年に24時間搾乳できるスウェーデン製のロボットを導入してからは、24時間・365日休みなしだった酪農家にとっても快適な環境が整った。

敷地内には森や牛舎などの他、菓子工房やナチュラルチーズを製造するチーズ工房、提案型チーズレストラン「ヤルゴイ」が。提供されるハーブや野菜はほぼすべて自家栽培で、ホエイ化粧品や石けんの販売、ライブや食のワークショップを開催するなど活動は多岐に渡る。

ナチュラルチーズを作り、根付かせる

牛乳の消費量が低迷する一方だった、1980年代前半。牧場の存続を願う夫妻はチーズづくりを開始した。大手乳業メーカーが数年前にチーズの研究所を設立したばかり、というチーズ黎明期。資料もなく英語の文献を夜な夜な訳しながら学んだ。「失敗の数なら、だれにも負けません」とほほえむ奥様の和子さん。工場の設備や道具も手探り、数々の試行錯誤の末に完成した。「チーズが普及したのは、国際的で先取りの気質を持

つ港町・神戸だったから」だと考える忠生さん。パンやワインを日常的に味わう食文化はあったものの、流通していないチーズを広めるには食べ方の提案が必要だった。和子さんが開発したレストランのメニューは「すべて、チーズが主役」。ランチタイムには、チーズの未知のおいしさに目を見張る人々が後を絶たない。

1.「ヤルゴイ」で楽しめるメニューはすべて、チーズが主役。和子さんが試行錯誤の末に生み出している。2. 人気の高い熟成前のフレッシュチーズ「フロマージュ・フレ」は、弓削牧場オリジナル。3. いつも穏やかな雰囲気のお二人。4. のびのびと敷地内を移動する牛たち。

都市の中で酪農をいとなむ意味とは

神戸の中心部から車で約20分。住宅地に牧場が…と驚かれるが、忠生さんの父である先代が北区・箕谷(みのたに)から今の場所へ移転したのは1970年。山が切りひらかれ、風の流れが変わったため、牛のニオイへの苦情が舞い込んだことも。忠生さんは「山も海もある神戸で自然とどう共生するべきか、都市に近い環境で酪農を行う意味を問い続けてきました」と静かに語る。

今、弓削牧場では牛ふんを使った有機肥料の他、牛の排泄物から発生するメタンガスを活用した再生可能な自然エネルギーを生み出す研究が進行中だ。「牛って大事やな、地域のエネルギーを生み出してくれるんやな、と思ってもらえたら。牛舎や温室の電気をまかなえればいいし、冬でも食料を供給できれば、若い人たちも酪農ができるのでは」と、忠生さんは酪農と神戸の未来に想いをはせる。牧場の運営は現在、息子の太郎さんが中心になっており、忠生さんの挑戦は自然エネルギーの研究の他、新規就農者を対象とした講座で後進を育成するなど新たなステージに向かっている。

弓削さんのこれまで

北区箕谷出身
↓
県立畜産講習所
(現県立農業大学校)へ進学
↓
1年間、アメリカへ農業留学
↓
弓削牧場が山田町に移転
↓
代表に就任
↓
兵庫県農業賞を最年少受賞
(弓削忠生・和子、両名で)
↓
奥様と2人暮らし
今年で北区歴70年

1

FROMAGE FRAIS
フロマージュ・フレ
熟成する前の生のチーズです
乳酸菌たっぷりの完全無添加。
栄養食 美容食としてうってつけの
新しいタイプのチーズです。
和風 洋風 いろんな形でご利用
下さい
200g ¥700-
2

3

4

農コラム

北区の旬を食べる

〜 Autumn Collection 〜

神戸市北区産のおいしい野菜を使ってどんな料理ができるのか、実際につくってみました。レシピを考えてくれたのは、神戸・元町にあるデリカテッセン「NEIGHBOR FOOD」のオーナーでフードコーディネーターの安藤美保さん。安藤さんは普段から“地のものを食べる”ことを大切にしていると言います。今回は、北区農家の森本聖子さん（p.18）、芝卓哉さん（p.26）、大塚正晴さん（p.24）が育てた野菜を使用しています。

その土地のものを食べ、旬を身近に感じることのできる環境の豊かさを味わってください。北区は魅力的な農家さんが多いので、料理人としても食材を前にワクワクします。

レシピ・調理監修
安藤 美保さん

神戸・元町でシェアスペース&キッチン「マルメロ」デリカテッセン「NEIGHBOR FOOD」を営む。食育プログラムにも取り組む。フードコーディネーター。

森本さんの
ルッコラ

赤軸
ほうれん草

大塚さんの里芋

芝さんの
椎茸・落花生・人参

Recipe 1

椎茸のステーキ 落花生のソース

里芋マッシュを詰めて焼いた、メインにもなるような大きな椎茸。生落花生のソースは、生野菜のディップや、青菜の和え衣にも使えます。

Recipe 2

秋野菜と柿のピクルス、チキンのサラダと一緒に。

北区の秋の野菜をカラフルなサラダに。
柿と相性の良いバルサミコのドレッシングでいただきます。

Recipe 1
椎茸のステーキ　落花生のソース

［材料］

ルッコラ 適量／人参 適量／椎茸 大きいもの3〜4枚／油（菜種油や米油など）適量／バター大さじ1くらい

詰め物

里芋5個／赤軸ほうれん草 3把／玉ねぎ 1/4個／小麦粉 大さじ1＋少々／醤油 小さじ1/2／塩こしょう 少々

落花生のソース

生落花生 80g／水 大さじ4／醤油 大さじ1／米油 大さじ2／塩こしょう 少々

［作り方］

1　里芋は洗ってから柔らかくなるまで蒸し、熱いうちに皮をめくってつぶしておく。椎茸の軸と玉ねぎはみじん切り。赤軸ほうれん草は3センチほどの長さに切り、油で炒め、塩胡椒しておく。

2　1に小麦粉、醤油、塩胡椒を合わせる。しいたけの裏側に塩をふり、小麦粉をはたいてから詰める。

3　フライパンにバターと油を多めに入れて両面を焼き、詰め物側がこんがり焼け固まったら、オーブントースターで8分ほど焼く。

4　生落花生は2〜3%の塩で40分ほど茹でて、殻から中身を出しておく。落花生とソースの残りの材料をフードプロセッサーに入れなめらかにし、塩こしょうで味を調える。人参、ルッコラは洗って食べやすい大きさに切り、添える。

安藤さんのひとこと

芝さんの大きなシイタケを主役にした料理です。北区の農家さんから直接買うことで、スーパーではなかなか見ない規格外の作物と出会えるのがおもしろい。添えた人参はあえて皮ごと使っています。有機農法でつくっているので、まるごとを味わって欲しいです。

Recipe 2
秋野菜と柿のピクルス、チキンのサラダと一緒に。

［材料］

紫水菜 ／あやめかぶ 1個 ／コールラビ1個 ／くるみ

柿のピクルス

柿 2個／紫玉ねぎ 1/2個（50g）／
ピクルス液（漬けるものとほぼ同量）‥
米酢50cc・ジュース（りんごや葡萄など）100cc・
白ワイン（なければ水で）50cc・きび糖 20g・
塩 6g〜・シナモン 1本・カルダモン 5粒

チキンのソテー

鶏もも肉 1枚／塩こしょう 少々／にんにく 1かけ／醤油 小さじ1 ／油（菜種油や米油など）小さじ1

バルサミコドレッシング

バルサミコ酢 大さじ1 ／醤油 大さじ1/2 ／メープルシロップ 小さじ1 ／ EXVオリーブオイル 大さじ3 ／にんにくすりおろし 少々／塩こしょう 少々

［作り方］

1　柿は皮をむいて、食べやすい大きさに切る。紫玉ねぎもひと口大に切る。ピクルス液の材料を鍋に合わせて火にかけ、3分ほど沸かす。熱いうちに柿と玉ねぎにかけて、そのまま漬け込む。ビニール袋で密封するように漬けると漬かりやすい。（漬けた翌日以降がおいしいです。）

2　鶏肉は筋を取り塩胡椒をふって常温で15分ほど置く。フライパンに油とつぶしたニンニクを入れ、鶏肉の皮の面を下にして弱火でじっくり焼く。途中出てきた油を拭きながら皮面を10分ほど、身の面を5分ほど焼く。竹串を一番身の厚いところに刺してみて透明の汁が出たらOK。粗熱が取れてから、食べやすい大きさにスライス。

3　紫水菜は、洗って食べやすい大きさに切る。あやめかぶは、食べやすい大きさに切り5分ほど蒸す。くるみは140度のオーブンで10分ほど空焼きしたものを粗く割っておく。コールラビは小さい時は生食できますが、大きくなってきたら、皮をむき、蒸すか焼く。

4　1〜3をサラダボールで、ドレッシングと和える。

安藤さんのひとこと

森本さんがいてくれるおかげでそれまでレストランでしか食べたことがなかったような珍しい野菜を普通に買えて、家の料理でも使ってみることができるのが楽しいですね。見たことのない野菜をどう調理しようかと考えるのは、いつもワクワクするものです。

平日は都市部で好きな仕事に励み、
休日は家族とめいっぱい遊ぶ。

地域を支え、地域に支えられながら、
親子三世代にぎやかに暮らす。

子どもの成長を24時間感じながら、
安心・安全でおいしいパンづくりに励む。

神戸で、のびのび育てる。

ベーグルショップ / はなとね / 村上 敦隆さん / 37歳 / 淡河町

パンが焼けて、家族と一緒に過ごせる 私たちにとってこれ以上ない幸せなんです

兵庫県西宮市から転居してきた、村上さん一家。長年パン屋に勤めたが「そろそろ自分のお店を持ちたい」とベーグルショップをオープン。厳選素材のベーグルを茅葺き古民家の縁側でゆったりと食べられるのが人気で、子どもから年配の方まで多くの人が訪れる。

家族みんなが一緒に過ごせる場所を探して

村上敦隆さんは4年間のパン屋での修業時代、早朝から晩まで働き詰めで、家族と一緒に過ごせる時間がほとんどなかった。「子どもたちがお父さんの顔を忘れちゃうんじゃないかと心配しましたよ」と妻の紀子さん。2013年に独立。住んでいたマンションの隣の部屋を借りて工房にし、グルテンフリーの「米粉の蒸しぱん」と、ベーグルのネット販売をスタート。朝から晩まで仕事なのは変わらないが、食事だけは家族で一緒にできたのが救いだった。淡河を知ったのは、長男の幼稚園の同級生の自宅があり、家族で遊びにいったのがきっかけだ。市街地である西宮から車で15分という距離なのに、そこに広がるのは日本の原風景ともいえる豊かな自然。将来は田舎で暮らすのが夢だった村上夫妻にとって理想の場所だった。物件を探すために最初に訪れたのは、移住についての相談に乗って

妻の紀子さん、息子の寛季くん(右)、夏規くんと、お店の入り口の前で。

1. 資料館だった場所を生かしてパン工房に。昔の農具がそのまま飾られている。2. 看板メニューのスチームベーグル「米粉の蒸しぱん」は、小麦・卵・ミルクを使わない優しい生地。3. 米粉特有のもちもちとした食感が楽しめる。写真は抹茶味。4. 工房の隣は庭に面したカフェスペース。ゆったり過ごすことができる。

くれる、町が運営している「淡河まちづくり研究会」だ。そこで空き家の現状などを聞き、空き家に詳しい方を紹介してもらい、そのご縁でいくつか物件を見させてもらったが、その時は話がまとまらなかった。

メディアの影響でお客が定期的に来るように

ある時、子どもと同じ幼稚園に通っていた淡河に住むお子さんの親御さんに、茅葺き屋根の古民家のことを聞き、紀子さんが訪ねることに。「一目惚れでした。ここだったらパンも焼けるし、家族みんながずっと一緒にいられていいねぇって」。家主が希望していたのは、家を賃貸でなく購入してくれることと、田畑も一緒に購入してくれること。他にも希望者がいたが、その条件を満たしていたのは、村上さん家族だけだったため、話がトントン拍子に進んだ。また、自然豊かなこの地で子どもたちを育てたいということ、風情ある建物でパンを焼きたいという気持ちも、家主は好意的に捉えてくれた。
当初はネット販売を中心に行うつもりだった村上さん。しかし、テレビや新聞、雑誌などのメディアに取り上げられたことを境に、お客さんが定期的に訪れるようになった。「茅葺きの家を懐かしいといって訪れる方もいます。みなさんに喜んでいただけるのがうれしくて。この家に住むということは日本の伝統を継承することなんですよね」と紀子さん。

畑仕事に、草刈り、集会と、田舎は忙しい!?

パン屋は土・日曜日のオープンのため、金曜日から仕込みをする。ほかの曜日は、畑仕事、草刈り、地域の集まりなど、やるべきことはたくさん。「草刈りは重要。家の周りの敷地は自分たちが刈ります。それが地域の暗黙のルールなんです。隣の家のおじいさんが地域のことはいろいろ教えてくれるから助かっていますね。夏は毎週、刈らないと追いつかないから大変です」と敦隆さんは笑う。初めての畑作業も日々勉強。周りの農家さんが新米農家を「見てられない」と思ってか、何かと気にかけてくれている。完璧にはほど遠いが、なんとか自分たちが食べる分は収穫できるようになった。近所のお母さんたちは、お店がオープンして、「お茶を飲むところがなかったからうれしいわ」と喜んでくれた。「みなさんとても優しいです。早く地域に馴染みたいから、地域の定例会や婦人会、子ども会の集まりなどにも積極的に参加しています」と紀子さん。一番変わったのは子どもたちだ。朝から晩まで、裸足で山や川、野を駆け回り、驚くほどたくましくなった。「ここにいると本当に幸せなんですよ。自然も、畑仕事も、人とのふれあいも、家族との時間も、欲しかったものがすべてここにあるんです」と紀子さん。村上さん家族の笑顔が、その言葉の一番の証明だ。

村上さんのこれまで

宝塚出身
↓
大学は大阪に進み
大阪に住居を移す。卒業後は
映像関係の会社に就職
↓
実家の飲食店を手伝うために
宝塚に戻る
↓
宝塚市内のパン屋で修行
↓
西宮市内のパン屋で修行
↓
34歳で独立。グルテンフリーの「米粉の蒸しぱん」とベーグルのネット販売を開始
↓
35歳で淡河に移住
妻と息子との4人暮らし
北区歴2年半

1.　夏限定のかき氷。地元で穫れたいちごで作った自家製シロップが甘酸っぱくて美味。2.　家の前の敷地が畑になっており、この日はミニトマトを収穫。3.　茅葺き屋根の古民家から眺める景色はまさに日本の原風景。ゆったりと穏やかな時間が流れていく。

1

2

3

北区の母たちに聞く！

北区での暮らしって、どうなん？座談会

北区の暮らしについて聞くならば、地元の主婦がいちばん知っているはず！数十年もの間、北区で主婦生活を送ってきた北区連合婦人会のベテランお母さんたちにお話を聞きました。

やっぱり車は必要！

車で10分も走れば直売所があって、新鮮なお野菜が買えるし、玄米を買って精米もその場でできる。いい食べものが簡単に手に入るのよ。お肉やお魚は、大型店も充実しているから、お買い物には便利でいいよ。北区で生活するなら、車は必須で免許を取り立ての頃は緊張したけれど、慣れれば移動が楽よねぇ。

凍る道もなんのその！

有野町は、冬は道が凍って大変。もちろん、スノータイヤも必要だし、特に坂道は気をつけて歩かないと。でも、冬になると町のあちこちに雪を溶かすための塩化カリウムが山積みになるの。自治会長さんが区役所に手配してくれて常備されているし、ざーっとまけば雪が簡単に溶けるから、積もっていても安心よね。

緑が多くて涼しい～

三宮まで電車で30分ほどで近いからよく行くけれど、戻ってくるとほっとするわ。やっぱり空気がいいからかなぁ。緑が多くて夏は涼しいし、車で数分走れば田園風景が広がる。ご近所にドライブに出かけるだけでも、気分転換になるよねぇ。

子育てがしやすい元気な町

泉台は、夏祭りに4000人も集まる元気な住宅街。子育てがしやすいからか、結婚して地元に戻ってくる若い人も多いよ。農村地域では若者が移住して古民家を活用してお店を開いているなんていう話も聞くし、おもしろい場所も増えているんじゃないかな。ニュータウンでも子どもは減ってきているから、ここで子どもを生んで育ててくれたらうれしいねぇ。

電信柱にもごあいさつ!?

都会暮らしが長かったのだけれど、20年前に主人の実家の上淡河に移住することになったの。神事や農業に慣れないし、知らない人たちの中で地域になじむのに苦労したわ。でも、まわりの人がよくしてくれて…「早く顔を覚えてもらいたいなら、電信柱にもあいさつしとき!」なんてアドバイスをくれた人もいて。ご近所の方たちに教わって畑仕事もできるようになったのよ。

私たち、おせっかいおばさんにおまかせ!

婦人会は、保育や地域の交通安全のことにも関わっていて、困っていることがあれば行政と連携して改善していくの。若い人にも暮らしやすい環境の方がいいでしょう。だから、なんでも相談してくれたらと思う。それから私、お見合いパーティをしようって企んでいて。今は昔みたいに世話を焼いてくれるおばさんがいないでしょ。だから、私が責任もって面倒みるわよ!

西本静代さん　岩間悦子さん　吉本昭子さん

電話でお話を伺った方々
中前 喜代美さん
前田 武子さん

会社員 / 大橋 祐一さん / 46歳 / 山田町

仕事も家事も育児も、みんな超多忙
だけど、日常が自然と共にある

平日はまちで働き、休日は農作業やDIYなど…メリハリの利いた暮らしを体現している大橋さん一家。自然が身近にありながら、神戸の中心部まで車で約15分で行けるアクセスの良さが、共働きの日々を支えている。

家族みんなのお気に入りのリビングで団らん

住まいは、出会い。今しかできないことを

以前は、神戸市東灘区の山の手に住んでいた。「定年を迎えたら田舎暮らしを」と思い描いていたところ、「若くて元気なうちに、やっとかないといけないことがあるの」と人生の先輩から背中を押され、いま実現しなければと考えるように。「娘が小学校へ上がる前に」と移住先を探し始め、「ログハウスに住んでみたかった」という祐一さんは、フィンランド製のログハウスの建築を決意。「山田町にある青葉台は昭和50年代に開かれた住宅地で、価格が手ごろでした。家って、出会いですよね」と語る祐一さん。12月に着工して翌年3月に完成、引っ越したのは小学校の入学式の1週間前だった。

手間ひまかけて、家を育て、慈しむ

六甲山の南側より3～5℃は気温が低い北区にあって、「薪ストーブを使いたいから、寒い方がいい」と笑う一家のお気に入りはリビングルーム。ログハウスは壁が厚く、一度あたたまるとずっとあたたかいのが特徴で、気が付くと家族全員がリビングに集結している。住み始めて3年がすぎた頃、足場だけ組んでもらって、自力で外壁を塗装しようと決めた祐一さん。妻の華子さんは娘さんと共に壁の低い部分をペイント、約2ヵ月かけて家族で成し遂げた。無垢材の家は一般的な住宅に比べて、どうしても手間ひまがかかる。塗装だけ

1. 住宅街に映える赤、ログハウスは大橋家の夢のシンボル。2. この日収穫した野菜、今年は巨峰が見事に実った。

でも数年ごとに行う必要があるものの、DIYを趣味とする祐一さんにとっては面倒も楽しみのひとつ。みんなで取り組むことにより、一家の成長の軌跡が少しずつ塗り重ねられていくことにもなるように見える。

目の回るような日常を、豊かな緑が包む

平日は大忙しの大橋夫妻。祐一さんの通勤時間は、バスを乗り継いで約45分。デスクワークに追われ、オフィスに閉じこもることも多い。華子さんの通勤時間は約30分。製薬会社で臨床開発を担当、週の半分はあちこちの病院へ出張しており、新幹線の新神戸駅まで車で10分で行けるのは非常に便利だ。
そんな、てんてこ舞いの日々を支えるのが、自然の存在。「週末は仕事をわすれて、スイッチをオフに。庭の植物、周囲の環境すべてが四季の移ろいを感じさせてくれます」「裏山は、多種多様な広葉樹や松がしげる森。六甲山系でよく見られるコバノミツバツツジや椿が咲く春先は、特に美しいですよ」と魅力を語る夫妻。近所の川ではホタルが舞う他、キジやタヌキがごく普通に生息している。

黒豆が育つシーズンは、家族で農作業

夏休み最後の土曜日、午前8時。丹波黒豆大豆の畑で草取りが始まった。JA兵庫六甲が運営している淡河町の貸し農園へ、大橋さん一家が通い始めたのは4

年前。「ここのオーナー制度を利用していた会社の同僚から、参加してみない？と誘われて。家庭菜園に加え、日常的に植物に触れていたいという願いが叶いました」とほほえむ華子さん。「農家の方が色々教えてくださる上、肥料や水やりをしたりと世話をしてくださるのでありがたいです」と言葉を続ける。
今では１区画40株を２区画分、借りている。咲き始めた可憐な花に触れないよう、夫妻は慎重に作業を進行。生き物が大好きな娘さんは前日の雨でぬかるんだ畑を裸足で駆けめぐり、カエルや虫をつかまえるたびに、ほらっ、と披露してくれた。

尽きない夢を、どんどん叶えていく舞台

庭には、冬を４回越せる薪を蓄えた小屋がある。薪を割ったり、小屋やベンチを作るなど、DIYを楽しむ祐一さんは「男のロマン」であるガレージ工房で過ごすのが楽しみ。華子さんが丹精込めて育てている菜園では、20種類以上の季節の野菜やハーブが風に揺れる。
祐一さんの次なる夢は、キャンピングカーで全国の名所をめぐること。華子さんは野菜の自給自足が目標で「収穫した野菜を外で洗えるよう、炊事場を作ってほしい」と言い、裏庭にある小屋で遊びたい娘さんは、階段の設置を切望中。大橋さん一家のすこやかな野望はこれからも、きっと尽きることがない。

大橋一家のこれまで

祐一さんは滋賀県
華子さんは福岡県出身
↓
夫婦それぞれ神戸で過ごし
結婚
↓
東京勤務のため、横浜へ
↓
転勤で、神戸へ戻る
東灘区住吉山手で３年半
↓
北区へ移り住む
妻と娘の３人暮らし
北区歴４年

1. JAが運営する貸し農園、丹波黒大豆の畑で草を引く。2. 黒豆の成長を楽しみに、貸し農園に向かう道。3. ガレージ工房での大工仕事、祐一さんの至福のひととき。

北区体験レポート 2

バイリンガルな稲刈り体験

～インターナショナル・ネイチャースクール・プログラム～

異文化交流しながら環境について学んでほしいと、NPO法人「Peace&Nature」では北区で継続的に農体験のイベントを行っています。棚田の景色が広がる大沢町で、約70名の親子が稲刈りに挑戦！

環境問題や食の安全について取り組むNPO法人「Peace & Nature」では、休耕田を生かし食や環境について学べるワークショップを定期的に開催している。インターナショナル・ネイチャースクール・プログラムと言って、日本人と外国人が一緒に、異文化交流しながら自然体験ができるのが特徴だ。この日もまず代表のバハラム・イナンルさんによる英語と日本語を織り交ぜた挨拶からスタート。そして参加した親子はスタッフのサポートを受けながら稲刈りを楽しんだ。神戸市内からだけでなく、西宮市や芦屋市、遠くは京都などからも来ているとのこと。子どもは多くが小学校低学

子どもにとっては、言葉の壁もなんのその！

年。始めのうちは、スタッフの外国人留学生に英語で話しかけられ戸惑っていたが、ほどなく打ち解けてやりとりを楽しんでいた。外国人のスタッフに手を添えてもらいながら、日本人の子どもが鎌を持って稲を刈っていく様子が印象的だった。
稲が刈り取られ田んぼの土が見えてくると、今度は泥の中を走り回ったりカエルを捕まえにいったりこの環境を存分に楽しんでいた。参加したお母さんは「泥んこになるなんてマンションでの生活ではさせてあげられないので、ここに来ると自由にさせてやるんです。春の田植え体験にも来たのですが、田んぼにダイブしちゃって。お着替えが大変でした（笑）」聞けば、もう何度も参加しているとのことだった。
「家族で楽しみながら参加することで、親子の間のコミュニケーションを深めるきっかけにもなれば」とババラムさん。Peace & Natureでは、田植えや、玉ねぎの苗植え、そして稲刈りと、年間を通してさまざまな農体験プログラムを行っている。
（2015年9月26日に取材）

NPO法人 Peace&Nature HP
www.peace-and-nature.com

鎌を使うのも生まれて初めて。（上）
農家さんから稲束（いなづか）の結び方を教わる。（下）

＼ また次も来たい！ ／

虫取りに夢中になる子どもたち。

手づくりの巨大ブランコを体験する子どもたち。

北区体験レポート 3

家族で秋の里山体験 ～あいな里山まつり～

**山が黄色くなり始めた10月最後の日曜日、
北区山田町にある、あいな里山公園で行われた「あいな里山まつり」。
1年前、東京から神戸に移住してきた安田さん一家が体験してきました！**

国営明石海峡公園・神戸地区（愛称：あいな里山公園）で「あいな里山まつり」が行われた。今回で16回目の開催となるこのイベントは、地域団体・NPO・市民が協力し、豊かな里山環境をどのように守り、どのような公園にしていくかを考え、試行していく場として始まった。回を重ねるごとにイベント内容は充実し、来場者数も増え、今回は総勢1,500名を超える方が山田の里山を楽しんだ。「子どもには自然の中でしかできない体験をさせてあげたいという親心を満たしつつ、同時に大人も移動疲れがしないところがいいですね」。4歳の息子さんと1歳の娘さんがいる安田さんは、この

古民家の軒先で、家族団らんのひととき。

イベントの印象をそう語ってくれた。確かに、小さな子どもがいる世帯だとちょっとお出かけするだけでも大変。時間も手間もかかってしまうもの。けれども、中央区や灘区など神戸の中心市街地からあいな里山公園まで、車なら30分足らずで着いてしまう。午前中から余裕を持って遊べるところもいい。

息子さんは、東京にいた1年前までは虫を触ることさえもおっかなビックリだったとか。「神戸に移住してからは、自然に触れる機会が圧倒的に増え、それに比例するように息子がたくましく見えるようになった。だから今日の北区の里山体験も楽しみに来ました」と安田さん。

ノコギリで竹を切って遊具を自分で作ったり、地元で採れた草木を使った染め物づくりをしたり。お父さんの手を引っ張って、息子さんは、次から次と体験に夢中な様子。この日、安田さん夫婦によると、息子さんの成長ぶりをひときわ実感したのが、木登り体験（ツリーイング）だったとのこと。「こういう体験はさすがに街の中ではさせられないですね」。息子さんが楽しそうに、ぐんぐん高いところまで登っていく姿を見て、最初は心配そうだった安田パパさん、最後には感動でちょっぴりホロリとしていたように見えたのは、気のせいだろうか。

（2015年10月25日に取材）

のこぎりをつかったのは初めて。
おじさんに手伝ってもらってギコギコ。

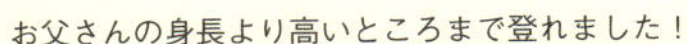

完成したのは、「竹ぽっくり」。

お父さんの身長より高いところまで登れました！

藍那（あいな）の山で採れたやまももの葉を使った草木染め体験で、ハンカチが完成！

建築士 / eu 建築設計 / 村上 隆行さん / 46 歳 / 淡河町

小学校と地域の支えがあるから 子どもの個性を生かした子育てができる

村上さん一家は、祖母、父、母、小学生から高校生までの４人の子どもたちの７人で暮らす大家族だ。子育てをはじめ、地域のなかでお互いを助け合う風習が残っている淡河町だからこそ、４人の子どもを育てることができたと語る。

上段左が隆行さん、右は長男・史悦くん。下段左から長女・紗咲立ちゃん、母・正子さん、次男・平恭くん、次女・和々春ちゃん、妻・節子さん。

無料の学童保育所は働く親の強い味方

建築士の村上隆行さんは、大阪の天王寺や宝塚市、神戸市三宮の建築事務所に勤め、淡河にある自宅から通勤していた。毎日終電で帰り、休日出勤も多く、娘の紗咲立ちゃんや長男の史悦くんと接する時間はほとんどなかった。子育ては妻の節子さんに任せきりで、常に仕事のことで頭がいっぱいという状態。肉体的にも精神的も限界だった。次男の平恭くんが産まれたばかりの頃、節子さんと相談し、収入が減っても家族と一緒にいようと、2005年に自宅で建築設計事務所を開業することに。節子さんは看護師で共働きのため、子どもが小学生１～３年の時は、学校が終わると、淡河児童館を利用。17時まで預かってもらえるので(延長は18時)、共働きの夫婦には心強い味方だ。淡河地域は市の助成を受けて地域で運営しているため、利用は無料。「大人がいて安心ですし、友達も多くて子どもたちも楽しみにしています」と節子さん。

地域で助け合って子どもを育てていく

次男の平恭くんと次女の和々春ちゃんが通う淡河小学校は全校生徒44人。子どもが少ないのはこの地域の切実な問題だ。常に学校側と保護者で話し合いの場が設けられ、よりよい教育環境のために互いが協力しあっている。「学年によっては生徒が３人しかいない。それが子どもたちにはかわいそうですね。学校には人間味あふれる先生が多くて、テストの点数や偏差値などで競争させるのではなく、個人の才能を伸ばすことに重点をおいてくれています。だから子どもたちがのびのびとしていますね」とPTA会長も務める隆行さんは話す。保護者同士の結びつきが深く、節子さんが仕事で遅くなる時など、「うちで子どもを預かるわよ」と気遣ってくれる。なんとかして地域の子どもの数を増やしたいと、神戸市の「農村定住促進コーディネーター事業」のコーディネーターとして、町内の空き家調査、住みたい人と貸したい・売りたい人とのマッチングなど、移住･定住希望者の相談窓口も行っている。また、淡河の明日を考える会「淡河ワッショイ」のメンバーでもあり、移住者のために空き家を利用するプロジェクトが始動したばかりだ。(P.123)

4年前に隆行さんの父が他界。そのとき、地域のありがたさを強く感じたという。自宅で葬式を行ったのだが、生前、父と親交のあった近所の方が「手伝わせてくれ」「うちを待合室に使ったら？」と名乗りでてくれた。「自宅でやることでいろいろ手間はかかったんですが、みなさんの協力があって、いい式になりました。父も喜んでいると思います」。父が大事に手をかけていた畑や田んぼは、隆行さんと母の正子さんが引き継いだ。ふたりとも慣れない作業だが、近所の人が応援してくれているという。「地域の人に守られているなぁって感謝しています。いつか恩返しができればうれしいですね」。

村上さんのこれまで

北区淡河町出身
↓
神戸大学大学院を修了
↓
大阪・天王寺の
建築事務所に勤務
↓
2年ほど大阪在住したが
実家に戻り、天王寺まで通う
↓
宝塚市の建築事務所に転職
↓
2005年に独立
北区歴44年

1

2

3

4

1. 長女の紗咲立さんが弟妹をまとめる。2. 家の前には、青々とした田んぼの気持ちいい風景が広がる。3. 自宅に併設されている隆行さんの仕事場。仕事の依頼は神戸市街や大阪府の個人住宅の案件がほとんどで、淡河町内は1割。4. おばあちゃんの畑。

中学生＆高校生に聞く！

北区の学生生活

自然の中でのびのび育つ北区の中高生は、どのような生活を送っているのでしょうか？八多中学校に通う3人の年間行事と、全国で活躍する2つの高校の名部活動を紹介します

北区中学生の1年間

安場 弘貴くん　重信 哲くん　西浦 猛太くん

4月 … 沖縄へ修学旅行

5月 … 豆植え

6月 … ホタルの夕べ

7月 … 学習会・夏休み

8月 … 福井や岡山へ家族旅行

… 夏祭り

9月 … 文化祭

10月 … 運動会

11月 … 町民運動会・文化祭

12月 … クリスマス会＆もちつき

… しめなわづくり

1月 … お正月

2月 … 雪遊び

3月 … 門送り（卒業式）

全校生徒64人で農家さんのところへ行って、黒豆の種まきのお手伝いをするよ。売上は部活の助成金になっているそう。

学校の向かいの立派な茅葺きのふれあいセンターで、吹奏楽部の演奏を聴きながらホタル観賞。

夏休みは自転車で山を登って鳴川まで遊びに行ったりするよ。石の裏にいるサワガニや小さな魚を捕まえるんだ！

夏祭りでは八多太鼓や八多音頭が披露される。祭りの三か月前から、学校の授業で地域の人が教えてくれるよ。

自治会のおじいちゃんたちが、昔ながらのしめなわの作り方を教えてくれる。難しくていびつな形になっちゃうんだー。

キーンコーン
カーンコーン

龍獅團（りゅうしだん）

神戸市立兵庫商業高校

※兵庫商業高校は2016年に市立神港高校と再編統合し、兵庫区に移動しました。

顧問の阪口先生が「国際都市・神戸らしい取り組みを」と立ち上げた。中国の祝い事で行われる獅子舞や龍舞を、北区はもちろん、日本各地で披露。世界大会にも出場し、好成績を収めている。ダイナミックかつ、楽しそうに舞う部員たちの姿が、多くの観客を元気にしている。

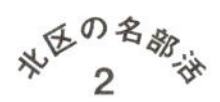

編集部

兵庫県立神戸鈴蘭台高校

開校以来続く伝統ある部活。生徒自らが取材・執筆・制作する『鈴高ミニプレス』をほぼ毎日発刊。部員が気になった学内の出来事を取り上げる。2016年2月の全国高校新聞コンクールでは、最高賞の文部科学大臣賞に選ばれた。この新聞が、生徒同士がつながるきっかけになることを目指している。

地域の人たちと共に、
収穫を祈り、祝う祭りを楽しむ。

数百年以上も残る茅葺き文化に共感し、
担い手になるため修行に取り組む。

地域に根差したデザインで、
地域の人の笑顔をつくる。

神戸で、農村文化を楽しむ。

宮司 / 淡河八幡神社 / 足利 國紀さん / 60歳 / 淡河町

今日の子どもの笑顔は 祭りがなくなると見られなくなるんだよ

農業が盛んな淡河町で、およそ1200年も続く淡河八幡神社の宮司を務める足利さんは、地域の人たちが生まれた時からずっと見守っている存在。「移住者や子どもたちを迎えるため、町も私も進化しなければ」と、ふるさとの良さを守りながら前進し続けている。

淡河・木津大歳神社で行われた夏祭りのご祈祷前。

地元に戻って気がついた、凛とした空気

淡河八幡神社（おうごはちまん）足利家二十四代目の宮司、足利國紀さん。農業が盛んな淡河町では、五穀豊穣と厄除けを祈願し各地区にある神社で年中祭りや行事が行われる。この町で生活する人たちの大半は、人生の節目となる行事には淡河八幡神社へ出向く。「僕が地域で生まれた子どもと初対面するのはお宮詣りなんですよ」。それから成人するまで、地域の子どもたちのことはずっと知っている。ある意味、神社というのは地元の人を生まれた時からずっと見守っている存在と言える。

足利さんは、大学時代から20代前半まで淡河の町をいったん離れ、就職と同時に再び淡河に戻った。平日は神戸市中央区にある広告会社で営業の仕事をしながら、週末は稼業である神社の仕事を手伝う日々。仕事はハードだったが、都心にある会社から自宅へ帰る途中で空気が明らかに澄んでいく、それが心地よく、気持ちのリセットにもなっていた。「三宮からのトンネルを抜けると、まず少しだけ涼しくなって。さらに淡河へ近づくともっと気温が下がり、空気も凛とするんですよ」。

外に出ている孫たち、おかえりよ！

統計上では10年後には淡河も過疎地域になると言われる。こうした状況を前に足利さんは言う。「少子化が進むと、お祭りだって続けられなくなる。外からもっ

と移住者を迎える提言をしないと。今の子どもの笑顔は、祭りがなくなると見られなくなるし、子どもの笑顔見て大人だって元気になるんだから」。現在、お祭りに参加している子どもの多くは、実は淡河在住ではなく、今は外で暮らしている世帯から、おじいちゃんおばあちゃんを訪ねて来ているのだという。「物事の本質は変わらない。でも子どもたちを迎えるために、町も私も、変化ではなく進化はしていかなければいけない」。足利さんは自身の経験上、思っている。この町なら、都心の職場とも行き来できる。そしてここにはある。ふるさとのにおい、体感する空気の良さが。「外に出てる孫たち、帰っておいで！」

1

足利さんのこれまで

淡河町出身
↓
大学から県外で一人暮らし
↓
実家に戻り、家業を手伝いながら神戸の広告会社に勤務
↓
2002年
淡河八幡神社
足利家二十四代目
として神主継承
↓
現在は神社の隣にある
ご実家にて奥様と２人の
息子さんたちと暮らす

1. 朗らかな足利さんも、ご祈祷時には表情が一変。場の緊張感が高まる。2. インタビュー風景。奥様の真理子さんと。3. この日はご子息の国洋さんと共に神事を務めた。4. 現代版に進化した餅まきでは、お菓子も大判振る舞い。

山車は布団太鼓と呼ばれ、頂上部に座布団が積み上げられている。子どもたちが上に乗り太鼓を叩く。

北区体験レポート 4

農の国の秋祭り

～淡河八幡神社 秋季例大祭～

北区は日本の古き良き伝統を感じさせるお祭りがたくさん行われているのも魅力です。編集部スタッフが淡河町の秋祭りを観に行ってきました！

青年たちは「チョーサ！」とかけ声をあげ、太鼓と呼ばれる山車（だし）をかく。この地域のかけ声は「ワッショイ！」ではなく「チョーサ！」であり、また「かつぐ」ことを「かく」という。山車の上には小学生の少年たちが乗り太鼓を叩く。中学生の女子数人は、白と赤の装束を身にまとい鈴を鳴らしながら舞を踊る。女性たちは、仕立ての良い着物をきれいに着て子どもたちの晴れ姿を見守っている。年配の方は山車の音頭を取ったり、行事全体の世話をする。参道には赤ん坊を抱く若いお母さんから、杖をついたお年寄りまでがにぎわう。この祭りは、老いも若きもみんなが共にいて、地域の絆を感じさせる。

神様に奉納する舞は地元の中学生たちが舞う。

今回観にでかけた北区淡河町の、淡河八幡神社秋季例大祭はまさに農村のお祭りだ。こうした地域では1年のサイクルが農耕とともに決められ、神社の祭りにもそれが反映されている。まず2月。今年も良い収穫が得られますようにと祈年祭。そして6月の田植えが終わって暑い夏を乗り切りましょうと7月の夏祭り。10月、いよいよ稲穂が実り無事収穫ができますようにと祈願するのが、今回訪れた秋季例大祭。そしてその秋に穫れたお米や野菜を神様に捧げつつ、感謝するのが11月23日の新嘗祭（にいなめさい）だ。

秋祭りが始まるとき、挨拶の方は「いやさかー」という独特のかけ声で唱和していた。宮司さんにお尋ねしたところ、「共に、一緒に」という意味であるとのこと。「共に栄えていきましょう。助けあっていきましょう。健康で一緒にがんばっていきましょう」。めでたい神事のときに使われるのだという。今回は一人で観に来たが、次はこの田舎の素朴な秋祭りをうちの息子にも見せてやりたいと思った。

「神様がおられる神輿は地元の中学生たちがかくことになっています。けれど子ども神輿というのが別にあって、これは地域の人でなくても、どなたでもかいていただきたい。どうぞどうぞ、田舎のお祭りを体験してください。『共に』祝いましょう」。（2015年10月4日に取材）

休憩中に屋台でアイスを買って食べる子どもたち。（上）
代々受け継いだ着物を着る女性たち。（下）

天狗の格好をして祭の行列の先導をする猿田彦。

＼チョーサ！／

＼チョーサ！／

北区体験レポート 5

みんなでのこす1300年の歴史

有間神社が西宮から有野町へ場所を移してから、今年で1300年。
その長い歴史を祝うお祭りに行ってきました！

北区有野町にある有間神社で遷座1300年を祝う祭りが開催されるとのことで早速取材することになった。1300年前と言えばなんと奈良時代。しかも715年にこの地に「遷座」というから、実際はそれよりさらに古い歴史を持つ神社というわけである。それだけに、本殿祭は厳かで凛とした空気に包まれていたが、その一方、ステージや屋台はのんびりとして和やかな雰囲気で、初めて訪れたにもかかわらず居心地の良さを感じるお祭りだった。祭りは２日間にわたって行われた。１日目は、太鼓、

男の子は烏帽子、女の子は天冠を頭につけて。(上)
地元の住宅街で育った２人の、美しい巫女舞。(下)

獅子舞、手品、歌謡ショー、地元の中高生によるブラスバンド演奏などに加え、北区公認の「キタールさん」などゆるキャラも登場。さらには地元神戸のご当地アイドル・KOBerries♪のライブまで行われるといった、盛りだくさんな内容だった。
一方神事も見応えがあり、中でも巫女舞の美しさに目を奪われた。「小さいときからお宮参りや七五三で有間神社にお世話になったので、巫女としてお手伝いさせていただけるのが嬉しいです」。聞けば、見事な舞いを披露したのは地元で育った16歳の女子高生だということだ。
2日目の地車（だんじり）も力が入っていた。地元の青年部が衰退して、一時期は30年近くも行われていなかったが2004年から復活したのだという。この日も、青年が勢いよく担ぎ、子どもたちが太鼓を叩いて町中を囃した。
ここ有野町は、古くからある農村地域と新興住宅街が隣接している。参加者の方は「家からすぐのところに貸し農園があって、都会と田舎の両方を楽しめるところがいい」とおっしゃっていた。また今回の祭りでは、幼い子どもを連れたファミリーの姿が多く見られたのが印象的だった。古くからの住民も、新しく移ってきた住民も、地域のみんなで盛り上げたこのお祭りは、まさしく1300年を記念しつつ未来につなげる祝祭としてふさわしかったと言えるのではないだろうか。
（2015年10月11日、12日に取材）

地車をかつぐ若者たち。（上）　地元・有野中学校のブラスバンド部。1日目のイベントには3,400名の人々が。（中）　子どもたちの人気をさらっていたご当地キャラ「はばタン」。（下）

神社の前には神戸電鉄が走る。最寄り駅から徒歩10分とアクセスもよい。

芸妓 / 有馬検番田中席 / 有馬町
一晴さん（10年目）・一まりさん（4年目）・一琴さん（2年目）

芸妓の世界に
完璧というのはないんです

新神戸駅から電車で30分。道後・白浜と並び、日本三古泉の一つである有馬温泉は、実は北区にある。有馬芸妓の一晴さん・一まりさん・一琴さんは、有馬温泉近くの地域出身。ここで働くことを楽しみながら、日々稽古に励む。

常連のお客様と会話を楽しむ一晴さん

お座敷に華を添える芸妓文化

有馬温泉の歴史は古く、かの太閤・秀吉が湯治のために足を運び、千利休らと共に盛大な茶会を催したといわれている。史跡や景勝、趣ある老舗のお土産屋さんや古民家を改装した飲食店も増えつつある、新旧の文化が織り交ざる温泉街だ。そんな有馬温泉には、古くより芸妓の文化が根付いていたが、娯楽文化の変化により、かつては160人いた芸妓衆も10分の1ほどに。その伝統を支える芸妓の3人、一晴さん·一まりさん·一琴さんは「芸妓の道を極めたい」と日々稽古に励む。幼い頃から時代劇が好きで、着物の美しさに魅了された一琴さん。テレビの特番を見て、近所である有馬にも芸妓がいるのだと知った。「大好きな着物を毎日着られるのはいいな、と思い、応募しました」。

有馬温泉だからこそできる働き方

朝9時頃からお昼すぎまで、踊りや唄のお稽古。それからみんなでお姐さんの作ってくれたお昼ごはんをたべる。着付けやお化粧を準備して、夜は旅館で芸を披露し、宴席のお伴をする。そんな多忙な生活を、有馬の自然が癒してくれる。「気分転換したい時は、鼓ケ滝(つづみがだき)という滝までふらっと散歩します。森の中を歩いて、滝の音を聴いて、ぼーっと何も考えず過ごす。とてもリフレッシュできるんです」と一琴さん。また、一まりさんは「自然が近くにありながら都市へのアクセスも良く、京都までお師匠さんの舞台を見に行ったり、仕事用のかんざしなどの小物を買いに行ったりできるのもいいですね」と嬉しそうに話す。

終わりなく、高め続ける技術

芸妓の世界に、完璧という言葉はない。何十年も続けてきたお姐さんでさえ、まだまだその技を高め続けている。厳しい世界での喜びは、やはりお客様からの言葉だ。「よう知ってるお客様が『上手になったなぁ』と言ってくださった時、やってて良かったなぁ、と思いますね。もっともっと喜んでもらえるように、精進していきます」。そう語る一晴さんたちの日々の努力が、有馬の芸妓文化を未来につないでいる。

1

1. 毎年夏に開催される有馬涼風川座敷での舞。左から一琴さん・一まりさん・一晴さん。2. 温泉施設「金の湯」に併設された足湯。3. 有馬温泉の名物湯・金泉が湧き出る源泉。4. 川座敷では焼きそばや射的など屋台が並び、多くの人で賑わう。

アートディレクター / 安福 友祐さん / 29歳 / 淡河町

暮らすように働き、働くように暮らす「田舎のちょっと便利なおっさん」になりたい

淡河町で生まれ育った安福さんは、デザインの仕事のかたわら、稲作など地域の仕事にも参加する。「この地で育った自分だからこそ、身近な人の役に立てることがあるかもしれない」と日々模索している。

自分のルーツの淡河で、丁寧に暮らしたい

滋賀の大学で建築を学んでいた、安福友祐さん。卒業間近の2008年3月、店舗内装を依頼されたことをきっかけに、デザイン事務所cott（こっと）を立ち上げた。旅が好きで、国内外構わず、相棒のカメラと共にさまざまな場所を訪れた。その土地、その土地の独自の文化は、暮らしと密接に関わりがあり、都市よりも農村に残されていることが多い。同時にその文化が失われていく様子もたくさん見てきた。自分の生まれ故郷である淡河には、まだ多くの昔ながらの風習や文化が残っており、それを守っていきたいと思うようになった。
2009年、同級生や地元でさまざまな活動をしている人たちと、淡河をもっと楽しもう！と企画したイベント「淡河そら祭り」の実行委員長を務めることになり、淡河に戻る。自然の豊かさを感じながら音楽やアートを楽しむ野外イベントは多くの老若男女が訪れた。10～11年は「まち育てサポーター」として、60～70歳代の人生の先輩たちと一緒に、まちづくりの活動に参加した。
cottの業務は、建築からグラフィックデザインを軸にした仕事が中心となった。地域の魅力をアピールするのにデザインが必要なことが多いからだ。名刺やロゴ、パッケージ、小冊子作成など、仕事の多くは神戸市街や大阪からの依頼。週に2～3回、市街地へ打ち合わせに出かける。「家から三宮まで車で30分、大阪まで50分。近いので、ふらっと行けますね。打ち合わせの後に、デザイン関係の友人たちと飲みに行くこともあって。刺激をもらいます」。デザインの最新情報はそういった友人や、本やネットなどから得るので情報格差はないという。「飲みに行くと帰れないので一泊するか、迎えに来てもらうか、代行タクシー。淡河に移って唯一ツラいのはその出費かな（笑）」。

地域の人たちの笑顔のためにできること

安福さんが淡河に残る理由は、自然や文化だけではない。「人間味あふれる個性的な人が多い。農家の人は暮らしに関することは何でも自分でする。雨漏りしても、イスが壊れても、自分で直す。かっこいいんです」。農家の集まりや消防団に参加していると、先輩方から自然との関わり合い方や生活の知恵を学ぶ機会も多い。近所のおばちゃんが、「これ、ちょっとコピーしてんか」と演歌の歌詞カード片手に訪ねてくることもあった。この間は寺の集まりの集合写真の撮影を頼まれた。報酬は缶ビールやおまんじゅうだが、安福さんにとってどれも大切にしたいつながりだ。「“ちょっと便利な田舎のおっさん”として役に立てればうれしい。それが暮らしていくうえで、自然な人間の関わり合いだと思うんです」。デザイナーとして活躍しながらも、自然と共に暮らし、地域の行事や住民たちとの交流を楽しみ、みんなが幸せでいられるために自分のできることをやる。来年は夏祭りの盆踊りを復活させるために、周囲に呼びかけをしてみるつもりだ。

安福さんのこれまで

神戸市北区淡河町に生まれる
↓
滋賀の大学で建築を学ぶ
↓
卒業と同時に
デザイン事務所cottを設立
淡河町へ戻る
両親と祖母との４人暮らし
北区歴25年

1. 初夏から秋にかけて３回程度、田んぼの周りの草刈りをする。2. 地元の和菓子店「満月堂」のポップデザインを担当。安福さんの妹の同級生のご両親が切り盛りするお店だそう。3. 地元のお米「おうごん米」のパッケージ。予算がない中、どうしても金を表現したく工夫をこらしたお手製スタンプ。

茅葺き職人（見習い）／淡河かやぶき屋根保存会／阿部 洋平さん／42歳／山田町

大変だからこそ、一生挑んでいける
茅葺きが普通の風景になるといい

どうしても茅葺きにたずさわる仕事がしたい、と茅葺き民家が数多く残る神戸・北区へ移住。国内でも数少ない茅葺き職人のもとで、古民家の茅葺き作業や茅葺き文化を伝える取り組みに挑み、やりがいに満ちた修行の日々を過ごしている。

茅葺き職人になる、という決意を胸に

港町のイメージが強い神戸。けれど、六甲山を越えた北区には豊かな田園風景が広がり、約700棟（平成27年度調査）の茅葺き民家が残っている。かつて、茅葺き屋根の民家は農村で数多く見られ、その土地に生息しているススキやヨシ、イナワラなどが材料に使われていた。茅葺き屋根は定期的に取り替えたり、継続的に手入れをする必要があるため、屋根を葺き替え合う共同作業が村の中で普通に行われていた時代に活躍していたのが、茅葺き職人。阿部さんは茅葺き職人になる夢をかなえるために、東京から北区へ移り住んだ。

震災を機に、東京から石巻、神戸へ

阿部さんにとっての原風景は、新潟の祖父の家。美しい景色の中、農業にいそしむ姿に影響を受け、定年後は自分も自給自足の生活がしたいと考えるように。農業が身近にあった環境の中、茅葺きにもいつの間にか興味を持っていたものの、約16年間は関東や上海で茅葺きとは無縁のサラリーマン生活を送っていた。ひとつのきっかけとなったのが、2011年に発生した東日本大震災。ボランティアとして宮城県石巻市へ行き、茅葺きを手がける会社があることを知った。「復興支援に関わりながら、茅葺きの技術も学べれば」と阿部さんは手伝いを申し出たものの、実際は津波で流れた何万枚もの瓦を洗い流す作業など、茅葺きからは遠い毎日。茅葺きに関わりたい想いがふくらむ中、神戸市北区のホームページとの出会いが最大の転機となった。「茅葺きといえば京都府南丹市美山町が有名なんですが、北区には750棟以上の茅葺きが今もあると記してあって」大きな衝撃を受けた阿部さん。「田園もまちもある神戸へ行こう。何度か行ったこともあるし」と車1台に荷物を詰め込み、2012年に移住した。

すべきことが多いから、一生ものの仕事に

北区役所まちづくり推進課に茅葺きの仕事について相談したところ、京都・美山の茅葺き職人、塩澤実さんを紹介してもらい、塩澤さんの唯一の弟子で独立したばかりの相良育弥さんのもとで働き始めることになった。「相良さんは当時32歳、僕より若くて技術や感性がすばらしかった。彼の下で腕を磨きたいと思った」阿部さんは、まず「てったい」に。てったいとは、「お手伝い」のことで、材料をカットして渡したり、道具をそろえたり、茅葺き職人が屋根の上での作業に集中できるよう補佐をする役。体力、技術、知識、経験の他に持久力や精神力も必要で、数ヵ月で辞めてしまう人も少なくない。

担い手も材料も少なく、これからの時代には普及しにくいと思われやすい茅葺きの世界。けれど阿部さんは「課題が明確だから取り組みやすいし、一生挑んでいける。一人前になるまで5年ほどかかるけれど、80歳の職人もおられるし、後進の育成など役割は数多い」

と明るく未来を見つめる。茅葺き職人の見習いである、丁稚（でっち）としての修行が本格的にスタートしたのは2015年の春。「お前ん家、茅葺き？という会話が珍しいものではなくなるくらい、茅葺きが身近になるといい」と語る阿部さんの挑戦はまだまだ始まったばかりである。

阿部さんのこれまで

埼玉県浦和市
（現さいたま市）出身
↓
東京都内の大学へ進学
↓
東京都内で２社に勤務
サラリーマン生活約 16 年
↓
2011 年春に退職
宮城県石巻市の茅葺き会社へ
↓
2012 年、北区へ移住
北区歴 3 年

1. 機械が使えないときは、茅を放り投げて屋根の上へ。2. 秋の「茅葺き屋根とふれあう月間」に向けたイベントの打ち合わせ、有野町の古民家カフェ「スローライフ」にて。3. 神戸に茅場を作る取り組みがスタート。ここは花山中尾台住宅地。4. 茅葺きの魅力を伝えるワークショップ。参加した子どもは真剣そのもの。

淡河かやぶき屋根保存会「くさかんむり」の活動

阿部さんの所属する、かやぶき屋根保存会。茅葺き古民家が数多く残る神戸市北区淡河町を拠点に、茅葺き屋根の魅力を発信していく活動を展開。茅葺き屋根という「じいちゃんばあちゃんの知恵袋」の力を借りて、人と自然、都市と農村、昔と今を見つめ直し、新たな関係の創造をめざしています。

1

2

3

1. 2014年から始まった「親子で楽しむちびっこ秘密基地づくり」兵庫県立三木山森林公園にて。2. 葺いた茅を切りそろえて整える屋根ばさみなど、作業で使う道具一式。3. チームメンバー。4. 茅葺き職人は、子どもたちに本物の技を見せる。5. 代表の相良育弥さん、イベントでは笑顔を絶やさない。

約700棟(平成27年度調査)もの伝統的な茅葺き民家が現存する北区。豊かな田園風景が広がる淡河町を拠点に、屋根の葺き替え作業や茅葺きを維持する仕組みづくりを行い、茅葺き文化の魅力を伝えているのが「淡河かやぶき屋根保存会 くさかんむり」である。

かつて、茅葺きは農業と共にあり、刈り取った茅が乾燥する冬場に、複数の農家がお互いの家の屋根を葺き替え合うのが日常だった。茅が傷んだら取り替え、古くなった茅を肥料として土に還す…自然の恵みを無理なく活用していくサイクルもあった。現在は農家の減少や高齢化が進み、お金も手間もかかる茅葺きの維持は困難に。茅葺き職人は減少し、良質な茅は年々手に入りにくくなっている。

そんな中、「くさかんむり」が力を入れているのが、茅で基地を作ったり、茅場で茅刈りを行うなど、茅葺きの魅力を子どもたちに伝えるワークショップの開催だ。さらに茅葺き古民家の見学ツアーや茅葺き作業の見学会、茅場での茅刈り体験など数々のイベントを仕掛けるほか、海外の茅葺き事情の視察や技術交流なども実践。全国各地での茅葺き屋根の葺き替え作業や茅場づくりなど、茅葺き職人チームとしての軸となる活動を越えたフィールドは実に幅広い。

「今、茅葺きの文化や風景を守るために必要なのは、まず知ってもらうこと。気軽に参加できるイベントで、子どもたちに楽しい！と感じてもらうことから若者や周囲の大人に関心の輪が広がっていくといい。屋根の材料を選ぶ時に茅葺きが選ばれるとか、茅葺きの風景が普通になるといいですよね」と語る、代表の相良育弥さんは2015年11月に神戸市文化奨励賞を受賞。自然と人、農と人、人と人など、風土やさまざまな関わり合いを通じて受け継がれてきた茅葺き文化を伝え、根付かせていく「くさかんむり」に寄せられる期待はますます熱を帯びている。

人生初の茅葺き体験。これも神戸市北区ならではの醍醐味です！

北区体験レポート 6

茅葺き体験ワークショップ

神戸市中央区で働く30代のご夫婦に、淡河かやぶき屋根保存会「くさかんむり」の活動を実際に体験してもらいました！

地下足袋を履くの生まれて初めてです

一時期は北区全体で高齢の職人が１人いるだけだった時期もあったというが、「くさかんむり」が発足してから若い世代の職人が増え、また、それに呼応してそれまで放置されがちだった区内の茅葺き民家が手入れされる機会も多くなっているという。代表の相良さんは都心部に住む若い人たちに地元の茅葺き文化に触れてもらいたいと、ワークショップを行うことにも積極的だ。
というわけで、今回、参加者を募って、茅葺きの仕事現場を実際にお手伝いさせてもらった。体験者は神戸市中央区に在住の30代の三宅さんご夫婦。普段、旦那さんはIT関係のお仕事を、奥さんはアクセサリーのデザイナーをされている。「茅（かや）を束ねたり、屋根にそれをくくりつけたり、

秋の景色に茅葺き屋根が美しく映える。

いろんな工程がありますが、今日の現場はもう仕上げの段階に入っているので、鋏（はさみ）で屋根を整える作業を体験してもらいますね」。
スニーカーを地下足袋に履き替え早速開始。「鋏を使い、茅の表面を3cmくらい刈って整えてもらいます。切り揃えることで屋根のラインが美しくなります」。コツを教えてもらって、おそるおそるザクッ…ザクッ。「思ったよりも難しい！」。いつもは一日中パソコンに向かっている旦那さん、鋏の扱いに苦戦中。一方奥さんは、「腕がもうしんどい！でも私、コツコツとした作業が好きなので、はまりますね」。時間が経ち、少しずつ慣れてはきたものの、横から見るとちょっと凸凹……。相良さんにサポートしてもらいながら綺麗な屋根が出来上がっていった。「確かに、鋏を入れる前と後では、見た目の美しさが全然違いますね」。
「茅葺き民家に接することも普段ないですし、そのお手伝いというのもなかなかできない貴重な体験だったのでとても楽しかったです。でも、明日の筋肉痛が今から心配です（笑）」。
（2015年12月1日に取材）

楽しい！　でも、早くも腕の筋肉が悲鳴…！

「丹田（へその少し下）の辺りに力を入れてまっすぐな姿勢で行うのがコツです」と相良さん。

「かかとをお尻につけるように座ると重心が安定して作業しやすいですよ～」

Information

・北区の基本情報
・北区のイベント
・北区の交通情報
・北区での物件探し

INFORMATION

北区の基本情報

DATA

■ **人口**　約22万人（神戸市全体の約14％）

■ **面積**　約240㎢（神戸市全体の約43％）　※2016年4月時点の数値（神戸市役所調べ）

	1月	2月	3月	4月	5月	6月	7月	8月	9月	10月	11月	12月	
■ **平均最高気温**	9.0	9.6	12.8	18.7	23.2	26.6	30.0	31.8	28.5	22.7	17.3	11.9	
■ **平均最低気温**	2.7	3.0	6.0	11.3	16.2	20.4	24.4	25.8	22.5	16.1	10.6	5.4	（℃）

※2015年4月神戸市の数値（気象庁HPより引用）
※住民の方によると、冬場は神戸市街より3℃程低く感じるそうです。

北区の成り立ち

1947－1958年にかけて、有馬町・有野町・山田町・道場町・八多町・大沢町・長尾町・淡河町が兵庫区に編入。1973年、神戸市南部の人口増加に伴い兵庫区から分区され、現在の神戸市北区に。神戸市中心市街地のベッドタウンとして、南部の鈴蘭台地域と北部の北神地域を中心に、ニュータウン開発に取り組んだ。

北区をより詳しく知るための情報サイト

■ **総合案内**

北区役所　http://www.city.kobe.lg.jp/ward/kuyakusho/kita/

■ **各地域のHP**

淡河ウェブマガジン　http://www.ogo-machiken.com/

大沢町地域事務局　http://www.ozo.jp/

八多ふれあいのまちづくり協議会　http://www.furemachi-hata.jp/

長尾ふれあいねっと　http://nagao-fureai.net/

■ **その他**

EAT LOCAL KOBE　http://eatlocalkobe.org/

北区の貸し農園リスト　http://www.city.kobe.lg.jp/life/others/farm/img/kitaku.pdf

こどもの遊び場マップ
http://www.city.kobe.lg.jp/child/grow/box/Asobiba/kita/index.html

北区じまん

実は、北区には全国的に有名なものがたくさんあるんです！

関西の癒し処・有馬温泉

道後・白浜と共に日本三古泉のひとつに数えられる有馬温泉。神戸の中心地・三宮からは電車で約40分。かの太閤秀吉も、ここで疲れを癒したとか。

日本一の和牛！神戸牛

銘柄肉の中で日本一厳しいと言われる神戸牛。北区では15の生産者が指定登録され、牛たちは豊かな自然の中でのびのびと育てられている。

日本を代表する酒米・山田錦

粘質な土と激しい温度差によりできる良質なお米は、日本各地の銘酒に使われ、全国のお酒好きたちをうならせている。

日本最古！のかやぶき民家

700軒近くのかやぶき民家が現存している。日本最古の民家・箱木千年家も北区の山田町にあり、今も大切に保存されている。

北区オリジナル！高級ユリ・神戸リリィ

主に淡河町で栽培されている。美しさのみならず、花持ちも非常に優れ、高級品として全国で高い評価を得ている。

充実のハイキングコース

北区は山地が多く、たくさんのハイキングコースがあり、六甲山頂からは神戸の市街地や神戸港、明石海峡大橋などが一望できる。

EVENTS
北区のイベント

北区では一年を通して伝統文化や自然を楽しむ様々なイベントが行われています。以下はほんの一部なので、各地域のHPもチェックしてみてください。→p.114

1月
有馬温泉入初式

1月2日に有馬温泉の繁栄を祈念して行われる儀式。有馬の芸妓が扮する湯女(ゆな)の練行列や湯もみ等が行われる。

2月
御弓神事

2月11日に淡河八幡神社で行われる、豊作を祈願する神事。当番の地域から選ばれた4人の射手が鬼を封じた的を射る。

3月
いちご狩り

有野町の「二郎イチゴ」はとてもやわらかく持ち運びに向かないので、その場でもぎたてを味わうのがおすすめ。

4月
お花見

3月の下旬から4月上旬にかけて北区各地で楽しむことができる。期間限定で解放される千苅ダム貯水池広場は穴場スポット!

5月
ディスカバー淡河ハイク&スポーツフェスタ(北区青少協淡河支部主催)

ゴールデンウィークに有馬ロイヤルゴルフクラブが一般開放され、斜面すべりや9ホールハイクなどを家族で楽しむことができる。

きたきたまつり

婦人会やキッズ、学生のダンスや獅子舞など様々なパフォーマンスが鈴蘭台公園と神戸フルーツ・フラワーパークで行われる。

6月

ホタルの夕べ

茅葺き屋根の八多ふれあいセンターでは、6月中旬に地域の中学生によるジャズバンドの演奏と共にホタルを楽しむことができる。

7月

夏祭り

これから迎える厳しい夏を乗り切るため、「茅の輪くぐり」など健康を祈願する神事が北区各地で行われる。

8月

どろんこバレー神戸大会

8月上旬に大沢町の休耕田で行われるバレーボール大会。毎年1000人以上が参加する夏の一大イベント。

10月

秋祭り

北区の各地で五穀豊穣や家内安全を願う神事が行われる。熊野神社の「獅子舞」などは無形民俗文化財に登録されている。

流鏑馬神事

山田町の六條八幡宮で行われる流鏑馬神事は、約600年前から継承されており、市の無形民俗文化財に登録されている。

11月

善福寺有馬大茶会・瑞宝寺公園茶会

11月上旬に有馬温泉の中興の恩人「豊臣秀吉」に対して報恩のお茶を献げる「奉茶式」が行われる。

ACCESS

北区の交通情報

神戸の中心地・三宮から、南の玄関口・鈴蘭台駅まで20分。大阪から、北の玄関口・三田駅まで40分。大都市からのアクセスの良さが自慢です。

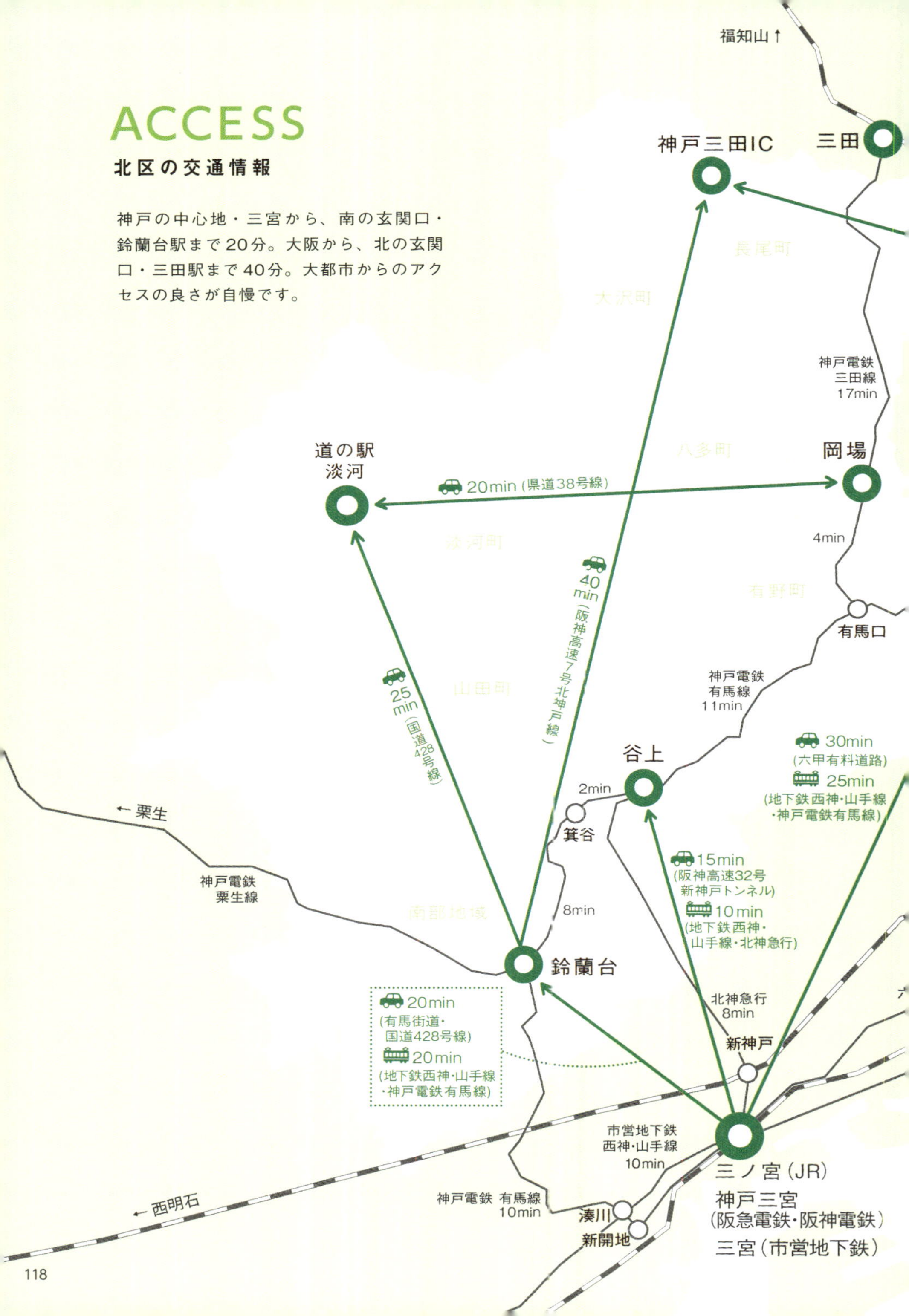

※所要時間と経路はGoogleMapを参考にしています。

HOUSING

北区での物件探し

北区に暮らしたい！と思っても、240㎢の広さを誇る北区は、地域によって住宅事情もさまざまです。条例で新しく家を建てられないエリアも多い。さらに地縁がない場合、どうすれば理想の住まいに出会うことができるのでしょうか？

森本さん (p.18)
一軒家

村上さん (p.62)
茅葺き民家

里山エリア

茅葺き屋根の古民家はこのエリア全域に残っている。なかでも特に多いのが淡河町や山田町。茅葺きにこだわらなければ、古民家は里山エリア全域に数多く現存する。畑付き・田んぼ付きの物件にも出会うことができるかもしれない。このエリアのほとんどが市街化調整区域に指定されているため、新しく家を建てることは難しい。古民家の価格や条件は一軒一軒まったく異なり、持ち主の方と相談して決めていくことが多い。

鈴蘭台エリア

山間の住宅街。新築一戸建てがメインだが、団地や賃貸マンション・アパートもある。一部別荘地エリアには、特徴的なモダニズム建築も見られる。北区の中では比較的物件が見つかりやすい地域。団地では単身世帯向けから子育て世帯向けまで多様な間取りがある。三宮まで30分と非常にアクセスの良い地域でありながら、農地までも車で15分程度。場所によっては自転車でも通うことが可能（でも、坂がきつい！）。

北神エリア

新興住宅が並ぶ子育て世帯中心の2大ニュータウン、上津台・鹿の子台を中心とした地域。農家の子ども世帯が自分の家庭を持ち、ここに移り住むパターンも多い。都市部への交通の便がよく、三田まで15分、大阪まで1時間。地価が安いので、庭付き新築一戸建てを希望する人は、このエリアがおすすめ。

一晴さん (p.96)
集合住宅

大橋さん (p.70)
一軒家

有馬・有野エリア

大規模な団地、一戸建て、農地や古民家が混在する地域。定年前後の親世帯と子育て中の子世帯が、同じ団地に暮らしているケースも多い。この地域の魅力は、やはり有馬温泉までの近さ。中心地から車で15分なので、仕事帰りにふらっと立ち寄ることもできるかも。別荘地として家を持つ人も多く、温泉付きのマンションも！

理想の住まいを見つけるための5カ条！

一、　現地の不動産屋に相談すべし

とにもかくにも、現地の物件事情に一番詳しいのは地元の不動産屋。現地に足を運び、地域を見て回りながら相談すると、自分に合ったプランが見えてくるかもしれない。

一、　勤務地へのアクセスを確認すべし

北区で暮らす一番の魅力は、都市部との距離。「三宮や大阪で今の仕事を続けながら、北区での生活を始めたい！」という人は、北区各地から勤務地までのアクセスを確認してみよう。その近さ故、遠いと思っていたエリアも意外と候補に入るかもしれない。

一、　交流イベントに参加すべし

地域のことは、その地域の人に聞くのが一番。「淡河ワッショイ」(P.125) では、移住希望者の方と先輩移住者や地域の人が交流できるイベントを開催している。そこで直接、暮らしや農業にまつわるリアルな声を聞いてみてはどうだろう。

一、　じわじわと入り込んでいくべし

畑付きの立派な古民家に憧れて移住を検討する人も多いが、最初から理想の家を見つけるのは至難の業。まずは鈴蘭台や鹿の子台など賃貸物件が比較的に見つけやすい地域で住宅を借り、そこから通って農作業にいそしもう。北区は住宅街と農地が近いため、通い農業がしやすいのだ。そうして地縁が深まっていく中で知り合いも増え、畑近くの物件に運よくめぐり合うことができた、という例も少なくない。最初から大物を狙わず、じっくり時間をかけて理想の生活を実現していくのも手だ。

一、　行政支援を上手に活用すべし

移住対策施策が、県や市をあげて続々と展開されている。上手に活用しよう。
〈神戸・里山暮らしのすすめ〉神戸市の農村部への移住を支援するサイト
→ http://kobe-satoyama.jp/
〈KOBE live ＋ work〉 神戸の働き方と暮らし方を紹介するサイト
→ http://kobeliveandwork.org/
〈すまいるネット〉住宅に関する総合的な相談窓口
→ http://www.smilenet.kobe-sumai-machi.or.jp/

神戸市農村定住コーディネーター

「淡河ワッショイ」にお話を聞きました！

Q. 北区に古民家はたくさんありますか？

A. 茅葺きの家から瓦屋根の家まで、空き家自体はたくさんあります。淡河町だけでも100戸を超えるほどです。しかし、借りたい方にすぐにご紹介できる物件は足りていないのが現状です。

Q. 物件があるのに貸し出せないのは、どうしてですか？

A. 空き家の持ち主の方は、「知らない人に貸すのは不安やわ…」という反応が少なくありません。現在は、そうした方々に実際に北区に移住した方の例を伝えながら、貸す意思があるか一人ひとりお尋ねしています。活動を地道に続けることで、ご紹介できる物件が増え、里山で暮らしたい方をもっと迎えられるようになることを期待しています。

Q. 活動情報はどこで確認出来ますか？

A. 「淡河ワッショイ」のホームページやFacebookページにて情報発信をしています。新しい物件が出たり、イベントを開催する際はすぐにお知らせしますので、ぜひチェックしてみてください！

淡河の明日を考える会

神戸市北区淡河町に拠点を持ち、地域の活性化に取り組む市民団体。通称「淡河ワッショイ」。淡河地域の魅力発信に取り組み、子育て世代の家族が増えることを目指している。2015年7月からは神戸市の委託を受け、淡河町にとどまらず北区全域への移住・定住のサポートに取り組んでいる。

相談窓口　090-5464-0952
（木15-19時、土・日13-18時）

写真／左から鶴巻耕介さん、村上隆行さん、武野辰雄さん

COMMUNITY TRAVEL GUIDE VOL.6

『農す神戸』

制作チーム

編集	岡本 茜・筧 裕介（issue+design）
編集アドバイス	安田 洋平（株式会社アンテナ） 小泉 寛明（有限会社 Lusie）
取材・執筆	安田 洋平（株式会社アンテナ） 山森 彩 二階堂 薫 高山 裕美子
撮影	片岡 杏子 森本 奈津美 安福 友祐（cott） 香西 ジュン 山田 絵里
デザイン	川合 翔子（issue+design）
デザインアドバイス	松岡 賢太郎（TRITON GRAPHICS div）
鳥瞰図（装丁）	青山 大介（NPO法人神戸グランドアンカー）
校正	馬場 麻理子（issue+design） ※順不同

書籍づくりにご協力いただいたみなさん

相良 育弥さん
永福 毅さん
十場 ナホヒさん
森本 聖子さんご夫婦
大塚 正晴さん
中川 優さん
NIU farm
オーガニックファーム&ガーデンヒフミ
芝 卓哉さん
橋本 由嗣さん
下内 香苗さん
藤野さんご夫婦
東馬場 怜司さん
藤本 耕司さん
藤本農園スタッフのお二人
山田 隆大さん
吉森 有梨さん
お花畑headsのお二人
弓削 忠生さんご夫婦
安藤 美保さん
村上 敦隆さんご家族
北区連合婦人会のみなさん
大橋 祐一さんご家族
NPO法人Peace&Natureのみなさん
安田さんご家族
村上 隆行さんご家族
安場 弘貴さん
重信 哲さん
西浦 猛太さん
兵庫商業高校 龍獅團のみなさん
神戸鈴蘭台高校 編集部のみなさん
足利 國紀さんご家族
有馬検番田中席のみなさん
安福 友祐さん
阿部 洋平さん
三宅さんご夫婦
淡河かやぶき屋根保存会くさかんむりのみなさん
淡河の明日を考える会のみなさん
本田 亙さんご家族
神戸市役所

※掲載順

制作主体

issue + design

※掲載内容は2015年取材当時の情報です。

COMMUNITY TRAVEL GUIDE シリーズ

テーマは観光から移住へ

2011年の発刊以来4年間、6地域を舞台に制作してきたCommunity Travel Guide。本書の主目的は地域の観光振興です。しかし、地域によっては、観光目的以外でも活用されているケースが増えています。海士人が地域外からの移住者誘致のツールとして活用されたり、福井人づくりで知り合った仲間から新たなまちづくりのプロジェクトが続々生まれたり、大野人が市内の全中学校の図書館でふるさと教育の教材として活用されたり……地域で暮らす人に光をあてることは、地域を元気にする様々な役割を果たすのです。

第六弾『農す神戸』のテーマは移住です。神戸市北区で里山と都市を両方楽しむ新しい暮らしを始めている人を紹介しています。

これからもCommunity Travel Guideシリーズは、「人に光をあてることで、地域を元気にする」、このコンセプトを大切にしながら、新しい領域にチャレンジしていきます。

索引MAP

足利 國紀さん (p.88)
淡河八幡神社 (p.92)

茅葺き体験 (p.110)

村上 隆行さん (p.80)

安福 友祐さん (p.100)

森本 聖子さん (p.18)

大橋 祐一さん (p.70)

あいな里山公園 (p.78)

弓削 忠生さん
弓削牧場 (p.50)

鈴蘭台駅

神戸電鉄

北神急行

お花畑headsさん
(p.46)
藤本 耕司さん
(p.36)
稲刈り体験 (p.76)
村上 敦隆さん
はなとね (p.62)
芝 卓哉さん (p.26)
FARM VISIT(p.30)
三田駅
東馬場怜司さん
(p.32)
JR 福知山線
道場駅
岡場駅
有間神社
(p.94)
有馬口駅
阿部 洋平さん
(p.104)
有馬温泉駅
谷上駅
有馬検番 田中席
一晴さん・一まりさん・
一琴さん (p.96)

● 英治出版からのお知らせ

本書に関するご意見・ご感想を E-mail（editor@eijipress.co.jp）で受け付けています。
また、英治出版ではメールマガジン、ブログ、ツイッターなどで新刊情報やイベント情報を配信しております。ぜひ一度、アクセスしてみてください。

メールマガジン　：会員登録はホームページにて
ブログ　：www.eijipress.co.jp/blog
ツイッター ID　：@eijipress
フェイスブック　：www.facebook.com/eijipress

農す神戸
COMMUNITY TRAVEL GUIDE VOL.6

発行日　2016年 9月 5日 第1版 第1刷

編者　COMMUNITY TRAVEL GUIDE 編集委員会
発行人　原田英治
発行　英治出版株式会社
〒150-0022 東京都渋谷区恵比寿南 1-9-12 ピトレスクビル 4F
電話　03-5773-0193　FAX　03-5773-0194
http://www.eijipress.co.jp/
プロデューサー　高野達成
スタッフ　原田涼子　岩田大志　藤竹賢一郎　山下智也　鈴木美穂
下田理　田中三枝　山見玲加　安村侑希子　平野貴裕
山本有子　上村悠也　田中大輔　渡邉吏佐子
印刷・製本　中央精版印刷株式会社

ISBN978-4-86276-237-5　C2026　Printed in Japan